AF548905

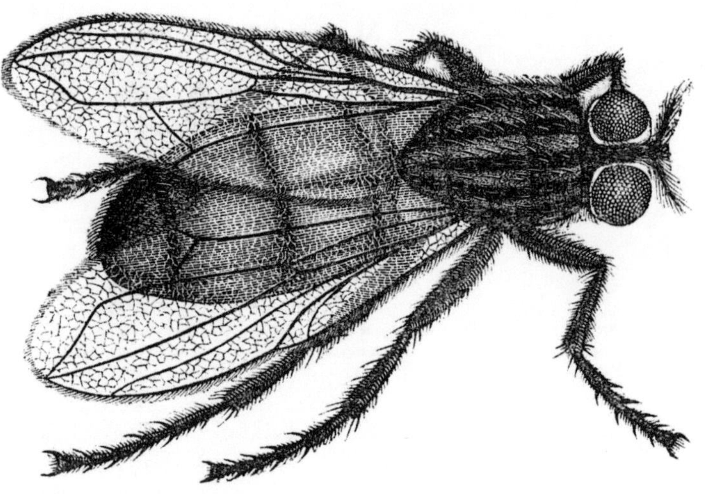

Fliegen

Ein Portrait
von
Peter Geimer

NATURKUNDEN

»In der Beklommenheit erscheinen sogar
die Fliegen als liebe Haustiere.«
PETER HANDKE, *Das Gewicht der Welt*

NATURKUNDEN № 45

herausgegeben von Judith Schalansky
bei Matthes & Seitz Berlin

Inhalt

Elegie für eine Fliege

Um 1870 flog eine Fliege um die Türme und Zinnen der Zitadelle von Saladin südlich von Kairo. Sie durchquerte die alte Totenstadt, die damals noch außerhalb der Stadtmauern lag, passierte das Mausoleum des Emirs Qusun mit seinem Minarett aus dem 14. Jahrhundert, flog vorbei an der Kuppel des al-Sultaniyya Mausoleums und über die niedrigen Steinplattengräber hinweg, in denen man die weniger wohlhabenden Bürger Kairos begraben hatte. Auf ihrem Weg durch die Totenstadt umkreiste die Fliege auch den Fotografen Antonio Beato, Bruder des berühmteren Felice, der die europäische Öffentlichkeit fünfzehn Jahre zuvor mit den ersten Fotografien des Krimkrieges überrascht hatte. Nach Reisen durch Malta, Griechenland, Jerusalem und Kalkutta war Antonio Beato 1860 in Kairo angelangt und ließ sich wenig später in Luxor nieder, wo er ein Fotoatelier für europäische Touristen betrieb und 1906 starb. Heute ist Beato für seine Aufnahmen archäologischer Stätten, Baudenkmäler und Dörfer Ägyptens bekannt, seine Bilder werden weltweit gesammelt und gehören zu den wichtigen Zeugnissen aus der Frühzeit der Fotografie. Die Fliege hingegen war nichts als ein namenloses Tier, wie es tausendfach existierte und das es immer schon gegeben hatte: ein Insekt, das für kurze Zeit seine Bahnen zog, um dann für immer aus der Weltgeschichte zu verschwinden – unbemerkt und ohne eine Chance, der Nachwelt in Erinnerung zu bleiben.

Antonio Beato, Mameluckengräber (mit Fliege)*, um 1870. Das Bild, das uns die historische Existenz dieser Fliege übermittelt, ist zugleich auch ihr Grab.*

A. Beato

Zu dem Zeitpunkt, als Beato seine Aufnahme machte, war die Fliege jedoch in das Innere der Kamera gelangt und hatte sich dort auf der lichtempfindlichen Kollodiumschicht der fotografischen Platte niedergelassen. So wurde sie gemeinsam mit den Türmen der Zitadelle, mit dem Himmel über Kairo und den Gräbern im Vordergrund des Bildes abgelichtet (Abb. S. 8/9). Die Datierung der Aufnahme »um 1870« bezieht auch die historische Existenz der Fliege mit ein. »Die Fliege ist Zeitgenossin.«[1] In dem Augenblick, als Beato die steinernen Bauten im Bild fixierte, trat auch sie aus ihrer Anonymität heraus. In der menschenleeren Szenerie des Bildes ist sie die einzige Spur eines Lebewesens.

Fliegen. Ein Portrait – wie könnte ein Text, der diesen Titel trägt, passender beginnen als mit diesem historischen Bildnis einer Fliege? Handelt es sich bei dem überlieferten Foto nicht sogar um eine Art Selbstportrait? Denn zweifellos hat die Fliege sich ohne Kenntnis des Fotografen aus eigenem Antrieb in das Bildfeld hineinbewegt. Wahrscheinlich hat Beato ihre Existenz erst bemerkt als er das Glasnegativ zum Entwickeln aus der Kamera herausnahm. Dort saß sie dann in der klebrigen Kollodiumschicht, deren betörender Duft sie angezogen hatte wie der Leim eines Fliegenpapiers. Und wie ein Fliegenpapier hat die klebrige Schicht, aus der es kein Entkommen gab, wohl auch ihren Tod besiegelt: Das Bild, das uns die historische Existenz dieser Fliege überliefert, ist zugleich auch ihr Grab. Darin ähnelt Beatos Fliege jenen vorzeitlichen, in Bernstein eingeschlossenen Insekten. Nachdem die Tiere in das Harz eingesunken waren, fiel dieses in getrockneten Klumpen von den Bäumen herab, wurde mit Blättern, Geröll und Erde bedeckt, unter Schichten von Sandstein, Kalkstein und Kohle begraben, bis nach und nach einige dieser Ablagerungen vom Meerwasser gelöst und an Land gespült wurden. Eine dieser Fossilien zeigt eine Fliege, die vor Jahrmillionen im Harz eingeschlossen wurde, mit angewinkeltem Vorderbein und vorgestreckten Fühlern, in einer Schwerelosigkeit wie tief unter Wasser: ein Insekt präpariert für die Ewigkeit.

Gemessen an dieser Dauer erscheint Beatos Fliege vergleichsweise jung. Verwirrend ist die Größe des Insekts. Es ist das winzigste und nebensächlichste Motiv des Bildes – was wiegt das Leben einer Fliege gegen das jahrhundertealte Zeugnis einer sakralen Architektur? – und doch erscheint es im maßstäblichen Vergleich mit den Bauwerken riesenhaft und überdimensioniert. Während das Abbild der Totenstadt sich in perspektivischer Verkleinerung zeigt, erblickt man die Fliege am Rand des 20×26 Zentimeter großen Papierabzugs in Lebensgröße. Mit Leichtigkeit könnte sie eine der Fensteröffnungen des Mausoleums ausfüllen oder sich – imposanter als jedes steinerne Wappentier – auf dem höchsten Punkt der Kuppel niederlassen. Aber ist die Fliege überhaupt *im* Bild, in einem gemeinsamen Raum mit den Gräbern, dem Himmel über Kairo und den Türmen der Zitadelle? Oder bewegt sie sich nicht vielmehr *vor* dem Bild oder läuft *über es hinweg* – in einer Sphäre, die der Oberfläche des Bildes aber zugleich vollkommen flach aufliegt? Technisch gesehen handelt es sich bei dem Fliegenbildnis um ein Fotogramm. Im Unterschied zu den durch Projektion entfernter Gegenstände erzeugten Fotografien entstehen Fotogramme durch direkte Berührung von Bildträger und abgebildetem Objekt. Sie gehören zu den frühen Techniken des

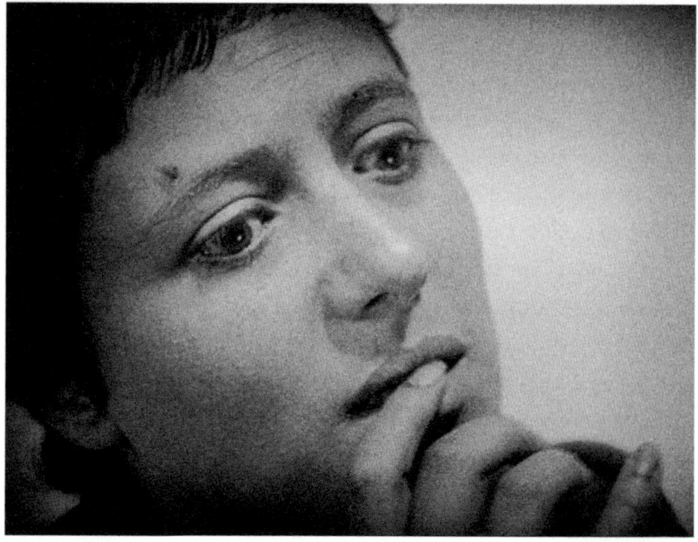

Die Fliege als Schauspielerin: In Carl Theodor Dreyers Die Passion der Jungfrau von Orléans *zeigt sie sich für wenige Sekunden auf der Stirn der Hauptdarstellerin.*

›Naturselbstdrucks‹, bei denen zumeist flache Objekte (Blätter, Federn, durchbrochene Spitzenstoffe) auf das lichtempfindliche Papier gelegt und dem Sonnenlicht ausgesetzt wurden. So hat auch die Fliege auf der lichtempfindlichen Emulsion des Glasnegativs gesessen und uns ein Kontaktbild ihrer flüchtigen Existenz überliefert.

Von der Gegenwart des Fotografen ist im Bild nichts zu sehen. Doch hat er mit dünnen, geschnörkelten Linien seinen Namen auf das Papier geschrieben: »A. Beato«. Ein aberwitziger Zufall wollte es, dass die Fliege im Bild sich auf diesen Schriftzug zuzubewegen scheint (Abb. S. 8/9). Vielleicht setzte Beato seine Signatur, nachdem er die fixierte Fliege entdeckt hat, aber auch ganz bewusst als Kontrapunkt, als Reklamation seiner Autorität über das Bild an dieser Stelle. Und doch ist es nicht leicht, zu entscheiden, ob in den schwungvollen Zügen dieser Künstlersignatur das Bild der Fliege *mitsigniert* ist. Ist das Verhalten eines Insekts durch Menschen autorisierbar? Die Fliege ist im Bild als ein Detail, das der Fotograf nicht wirklich ›gemacht‹ hat, von dem er wahrscheinlich zuallererst nichts wusste, das seinem Werk von außen zugestoßen und in all seiner Beiläufigkeit und Zufälligkeit doch nicht mehr zu löschen ist. So tragen sich die Fliegen eigenständig in das Bildgedächtnis der Menschheit ein und jubeln sich ihm unter.

Ein halbes Jahrhundert nach Beatos Aufnahme wiederholt sich diese Szene in Carl Theodor Dreyers *Die Passion der Jungfrau von Orléans*, einem Stummfilm, der zur Zeit der Inquisition spielt. Als einer der Kleriker im Verlauf der quälenden Verhöre die gefangene Johanna hinterhältig fragt, ob sie angesichts ihres angeblichen Auserwähltseins des besonderen Heils der Kirche denn gar nicht mehr bedürfe, setzt sich eine Fliege auf die Stirn der Hauptdarstellerin Renée Falconetti. Das Erscheinen des Insekts versieht die Darstellungskunst der Schauspielerin mit einem Anflug des Realen. »Die besondere Freude, Tieren auf dem Film zuzusehen«, schreibt Béla Balázs, »liegt darin, daß sie nicht spielen, sondern leben. Sie wissen nichts vom Apparat und machen ihre Sache mit naivem Ernst.«[2] Wie vor ihm Beato so entschied auch Dreyer, das Eindringen der Fliege in sein Werk zu akzeptieren – »als Zeichen der im Kunstprozess stets mitspielenden Kontingenz«.[3]

Die Gegenwart der Fliege in Dreyers Stummfilm und auf der Fotografie Beatos lassen bereits die Motive und Figuren erkennen, von denen im Folgenden die Rede sein wird: Fliegen intervenieren, sie kommen, ohne gerufen worden zu sein, und lassen sich nieder, wo man sie nicht erwartet hatte. Oftmals ist der Modus ihres Erscheinens die Störung. Sie sind nebensächlich und klein, und doch kann ihr Auftreten große Wirkungen erzeugen und dauerhafte Spuren hinterlassen.

Verachtung fürs völlig Wehrlose

Zahllose Texte der Weltliteratur handeln von der gegenseitigen Zuneigung von Mensch und Tier. Adalbert Stifters *Abdias* von 1842 ist einer von ihnen. Stifter erzählt darin vom Schicksal des Hundes Asu, der durch ein Missverständnis den Tod findet: Abdias, ein fahrender Händler, durchstreift mit seinem Gefährten Asu die Wälder Österreichs, als das Tier ohne erkennbaren Grund plötzlich in Unruhe gerät, aufjault, vor und zurück läuft und einen bedrohlichen Gesichtsausdruck annimmt. Da Abdias das Verhalten seines Hundes für ein sicheres Zeichen der in der Gegend grassierenden Tollwut hält, erschießt er das geliebte Tier und setzt seinen Weg allein fort. Wenig später bemerkt er, dass er den Gürtel mit seinem Silbergeld nicht mehr um sich trägt, und jetzt erst erkennt er, dass Asu ihm durch sein unbändiges Verhalten den Verlust des Schatzes hatte anzeigen wollen. Als er in den Wald zurückeilt, findet er den sterbenden Asu neben dem Silbergürtel liegend. »Das Tier machte vor Freude unbeholfene Versuche zu wedeln und richtete das gläserne Auge auf Abdias. Da dieser auf den Hund niederstürzte, ihm Liebkosungen sagte, und die Wunde untersuchte, wollte das Tier mit matter Zunge seine Hand lecken – aber es war nicht mehr möglich und nach einigen Augenblicken war es tot.«[4] Vor Trauer und Reue verliert Abdias beinahe den Verstand. Zwei Tage lang ringt er um Fassung, schließlich lässt er den geliebten Hund von seinen Knechten im Wald begraben.

Der Maler Justus Juncker erhöht eine gewöhnliche Birne auf einem Sockel. Ein Teil des Ruhms fällt auch auf die Fliege ab. Stillleben mit Birne und Insekten, *1765.*

Auch der Philosoph Emmanuel Levinas berichtet in seinen Erinnerungen an die Zeit als Gefangener in einem deutschen Arbeitskommando von einer denkwürdigen Begegnung mit einem Hund. In der monatelangen Isolierung während der Haft verlieren die Gefangenen allmählich ihre Menschenähnlichkeit. »Wir waren nur quasi-menschlich, eine Affenbande.« Eines Tages taucht im Lager ein streunender Hund auf und schließt sich der Gruppe der Häftlinge an. In den Augen dieses Hundes erhalten die Gefangenen ihre Menschlichkeit zurück: »Er erschien zum Morgenappell und erwartete uns bei der Rückkehr, fröhlich umherspringend und bellend. Für ihn – das stand außer Zweifel – waren wir Menschen.« Die Häftlinge nennen ihn Bobby, »ein exotischer Name, wie man ihn seinen Lieblingen, den Hunden gibt«.[5]

Solche Innigkeit bleibt den Fliegen auf ewig versagt. Man liebt sie nicht und gibt ihnen keine Kosenamen. Außer den Klassifizierungen der Zoologen (*Musca domestica, Drosophila melanogaster* etc.) tragen sie überhaupt keine Namen. Wenn man sie doch einmal anspricht, dann meist mit Verwünschungen (»Miststück«, »verdammtes Ding«). Fliegen haben kein Herrchen, höchstens haben sie einen Herrn, jenen »Herrn der Fliegen« nämlich, der aber des Teufels ist, wie schon das Alte Testament in der Figur des Beelzebub berichtet. Im Zoo, den man betritt, um Tiere zu betrachten, zählen die dort lebenden Fliegen nicht mit – zu offensichtlich gehören sie auf die Seite des Überflüssigen und Belanglosen, das keiner besonderen Betrachtung würdig ist.[6] Selbst der Zoologe Alfred Brehm, der sein Wohlwollen in seinem *Tierleben* auch Einzellern, Würmern und Weichtieren nicht versagt, kann der Existenz der Fliege kein gutes Wort abgewinnen: »Kein Thier – das kann wohl ohne Übertreibung behauptet werden – ist dem Menschen ohne sein Zuthun und ohne ihn selbst zu bewohnen, ein so treuer, in der Regel recht lästiger, unter Umständen unausstehlicher Begleiter als die Stubenfliege (*Musca domestica*). [...] Wir alle kennen ihre schlimmen Eigenschaften, die Zudringlichkeit, Naschhaftigkeit und die Sucht, alles und jedes zu besudeln; eine Tugend wird niemand von ihr zu rühmen wissen.«[7]

Fliegen sind keine Nutztiere, niemand kultiviert sie (es sei denn im Labor, um sie anschließend zu sezieren). Sie sind das Ungenießbare schlechthin, man kennt sie als Parasiten, Schädlinge und Feinde des Menschen, deren todbringende Wirkung dem Zerstörungswerk einer kriegerischen Invasion gleichkommen kann. Fliegen »sind die schlimmsten Bazillenträger«, erklärt ein Werbeplakat der Dreißigerjahre für den Fliegenfänger Aeroxon und setzt die Unverfrorenheit dieser Feinde wirkungsvoll in Szene: Nicht nur die Milchflasche des ahnungslos schlummernden Kindes haben sie besetzt, selbst vor dem »T« am Anfang des martialischen Reklameparole »Töte die Fliegen, sonst töten sie Dich« machen sie nicht Halt und beschnuppern es mit ihren dünnen Fühlern. Als Opfertiere kamen Fliegen niemals ernsthaft infrage. Blogs oder Foren zur Verbesserung ihres Rufs gibt es nicht, kein Tierschutzverein hätte je ein Recht der Fliegen eingeklagt. »Als unheilvolles Tier, das sich von Kadavern ernährt und Krankheiten überträgt, darunter, nach Plinius dem Älteren, vor allem die Pest«, figuriert die Fliege auch in der Malerei als Insignie des Unreinen und Verwerflichen.[8] So wird jeder Leser dieses Buches von dieser Kreatur wohl bedenkenlos bereits Dutzende getötet haben.

Fliegen so groß wie Heuschrecken: Die Furcht vor Ansteckung neigt zu Übertreibungen. Werbung für Fliegenfänger aus den 1930er-Jahren.

Die Vernichtung der Fliegen unterhält eine eigene kleine Industriesparte mit ihren einschlägigen Produkten: Klebestreifen, Fliegenklatschen, tödliche Sprays und Fallen. Bis in die Alltagssprache hinein reicht die Selbstverständlichkeit des Fliegentötens: »Zwei Fliegen mit einer Klappe schlagen«, sagt das Sprichwort, um ein besonders cleveres Verhalten zu loben, und selbst wo die Sprache die Fliege einmal als Nutznießerin nennt (jemand kann »keiner Fliege etwas zuleide tun«) erscheint diese Friedfertigkeit alleine deshalb bemerkenswert, weil die Beseitigung der Fliege der zu erwartende Normalfall gewesen wäre: Wer Fliegen am Leben lässt, fällt auf.

Im Märchen, das von so vielen sprechenden Tieren zu berichten weiß – dem Wolf, dem Frosch, der Ameise, dem Fuchs – sind die Fliegen sprachlos und unverständig und dürfen bedenkenlos getötet werden. Das »tapfere Schneiderlein« fragt die Fliegen, die sich auf dem mit süßem Mus bestrichenen Brot niedergelassen haben, »Ei, wer hat euch eingeladen?« und will sie vertreiben. »Die Fliegen aber, die kein Deutsch verstanden, liessen sich nicht abweisen, sondern kamen in immer grösserer Gesellschaft wieder.«[9] Das Ende (»sieben auf einen Streich«) ist bekannt.

Ein Tagebuchzeugnis vom Anfang des 20. Jahrhunderts dokumentiert einen besonders eifrig ausagierten Fliegenhass. In Madrid tötete der Kunsthistoriker Julius Meier-Graefe 1910 Hunderte der Insekten. Auf der Flucht vor der unerträglichen Hitze tauschte er im Hochsommer sein stickiges Mansardenzimmer gegen die hohen und kühleren Räume im Parterre des Hotels, um dort unversehens auf die noch größere Pein in Gestalt der umherschwirrenden Fliegen zu treffen. »Die Hitze kann man vergessen, die Fliegen nicht.« Als sei es nicht genug, die Fliegen zu vertreiben und zu töten, werden die Tötungsarten im Tagebuch penibel verzeichnet – wie um die erschlagenen, zerquetschten und ertränkten Tiere in der Auflistung ihrer Todesarten auf dem Papier noch ein zweites Mal zu vernichten: »Wir machen regelmäßig Jagden. [...] Morgens nach dem Aufstehen helfen wir uns mit der sogenannten trockenen Methode, die nicht bezweckt, die Tiere zu töten, sondern sie zu verjagen. [...] Der erreichbare Rest wird mit einem nassen Handtuch teils erschlagen, teils durch den Luftdruck getötet. Man braucht sie nicht einmal zu treffen, es genügt, scharf daneben zu schlagen. Sie sind dann eine halbe Stunde duselig, dann erwischt man sie nochmal. Zuweilen, bei glücklichen Doppelschlägen oder gar Terzetts, fühlt man sich sehr erhoben. Manche erlegt man, indem man sie vom Rande des Milchtöpfchens in die Milch jagt, wo sie ertrinken. Andere erstickt man im Bett, dessen Laken in tiefe Falten gelegt sind. Ein wenig Zucker ist das beste Lockmittel. Oder man zerquetscht sie zwischen Fenster und Scheibengardine, bei weitem die beste Methode, aber von Jeanne verboten, da die Gardinchen im Handumdrehen schwarz werden.«[10]

In seiner Studie *Masse und Macht* hat Elias Canetti solcher Todeslust eine eindrückliche Passage gewidmet und sie machtpsychologisch gedeutet. »Etwas sehr Kleines, das kaum zählt, ein *Insekt*, wird zerquetscht, weil man sonst nicht wüsste, was damit geschehen ist«.[11] Die Fliegen trifft »die Verachtung fürs völlig Wehrlose, das in einer ganz anderen Größen- und Machtordnung lebt als wir, mit dem wir nichts gemein haben, in das wir uns nie verwandeln [...]. Die Zerstörung dieser winzigen

Geschöpfe sind die einzigen Akte der Gewalt, die auch *in* uns ganz ungestraft bleiben. Ihr Blut kommt nie über unser Haupt, es erinnert nicht an das unsere.«[12] Nicht nur von den Menschen, auch von Seiten der Fliegen selbst sind Vergeltungsmaßnahmen nicht zu befürchten. Allem Anschein nach trauern sie auch nicht: »Fliege mit Tränen wäre eine Sensation«, schreibt Friederike Mayröcker.[13]

Wo weder Empathie noch Angst erzeugt wird, lässt sich umso bedenken- und hemmungsloser ächten. Entsprechend lang ist die Liste der literarischen Verdammungen der Fliege. In seiner Erzählung *Gradiva. Ein pompejanisches Phantasiestück* von 1903 lässt Wilhelm Jensen den jungen Archäologen Norbert Hanold in Rom auf das antike Relief einer ausschreitenden, weiblichen Figur treffen. Die Schönheit der Gestalt verfolgt ihn bis in seine Träume hinein. Als groteskes Gegenbild dieser Anmut erscheinen die Fliegen: »Er hatte nie eine Erfahrung gemacht, daß sein Gemüt für ungestüme Regungen veranlagt sei, doch gegen diese Zweiflügler brannte ein Haß in ihm; er betrachtete sie als die niederträchtigste Bosheitserfindung der Natur, gab um ihretwillen dem Winter als der einzigen Zeit einer menschenwürdigen Lebensführung weitaus den Vorzug vor dem Sommer und erkannte in ihnen den unumstößlichen Beweis gegen das Vorhandensein einer vernünftigen Weltordnung.«[14] Als Archäologe sieht Hanold sich zudem imstande, seiner persönlichen Aversion ein wissenschaftliches Fundament zu geben und den Fliegenhass als anthropologische Grundkonstante bereits im Altertum vorzufinden: Im etruskischen Museum in Bologna entdeckt er eine antike Fliegenklatsche. »Also war im Altertum diese nichtswürdige Kreatur schon ebenso die Gei-

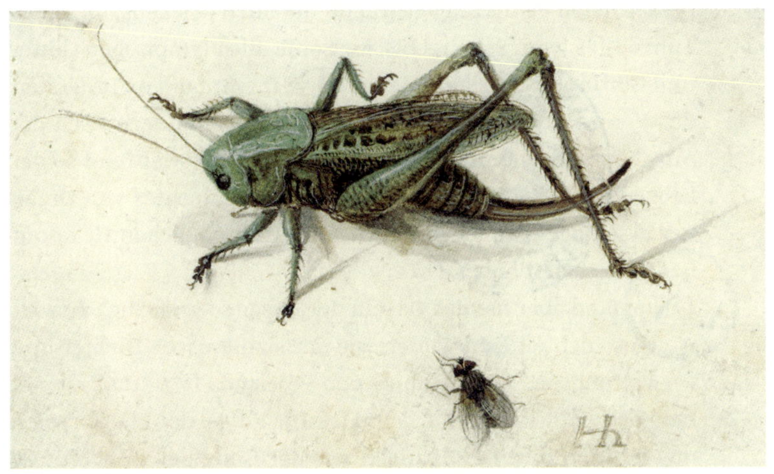

Du lebst und tust mir nichts. Der Nürnberger Künstler Hans Hoffmann malte dieses Zwiegespräch um 1580.

ßel der Menschheit gewesen, bösartiger und unabwendbarer als Skorpione, Giftschlangen, Tiger und Haifische, die es nur auf leibliche Schädigung, Zerreißung oder Verschlingung der von ihnen Überfallenen abgesehen hatten, vor denen man sich außerdem durch besonnenes Verhalten sichern konnte. Gegen die gemeine Stubenfliege aber gab es keinen Schutz, und sie lähmte, verstörte, zerrüttete schließlich das geistige Wesen des Menschen, seine Denk- und Arbeitsfähigkeit, jeden höheren Aufschwung und jede schöne Empfindung. [...] Die etruskische *scacciamosche*, ein Holzstiel mit einem daran befestigten Bündel feiner Lederstreifen, bewies: so hatte sie schon im Kopf des Äschylos die erhabensten Dichtungsgedanken zugrunde gerichtet, so den Meißel des Phidias zu einem nicht wieder verbesserlichen Fehlschlag gebracht, die Stirn des Zeus, die Brust Aphrodites, vom Scheitel bis zur Sohle alle olympischen Götter und Göttinnen überlaufen, und Norbert empfand im Innersten, das Verdienst eines Menschen sei vor allem andern nach der Anzahl von Stubenfliegen zu bewerten, die er während seiner Lebzeit als ein Rächer seines ganzen Geschlechtes von Urzeit her erschlagen, aufgespießt, verbrannt, in täglichen Hekatomben ausgerottet habe.«[15]

Niemand aber hat das Dasein der Fliege so gründlich aus der Weltgeschichte tilgen wollen wie der sizilianische Dichter und Verwaltungsbeamte Eugenios von Palermo (1130–1202) in seinem Schmählied vom *Fliegentadel*: Die Flügel der Fliegen seien ungeordnet, ihre Bewegungen wie der Gang der Blinden und das ziellose Herumlaufen Betrunkener. »Weit weg von uns sollen sie in die Finsternis verschwinden, alle zusammen in den gähnenden Hades absinken, so dass kein Andenken an sie am Leben bleibe und die Worte, die ihnen gelten, besudele.«[16] Der Vernichtungswille könnte absoluter nicht sein: Nicht nur aus der Welt sollen die Fliegen für immer verschwinden, auch aus dem Gedächtnis sollen sie gelöscht werden. Und selbst noch aus der Sprache will Eugenios sie verbannen: Schon von ihnen zu sprechen, kontaminiert die Kultur des Menschen.

Wo ein solcher Vertilgungswille am Werk ist, wird es gerade wieder interessant. Der Furor, mit dem die Nichtswürdigkeit der Fliege, ihre Unreinheit, ihre Niedertracht und Hässlichkeit, die völlige Überflüssigkeit ihrer Existenz beschworen wurden, trägt Züge einer Bannung. Ähnlich wie der Bildersturm, der die Bilder bekanntlich nur deshalb denunziert, weil er ihre Wirkungsmacht eingestehen muss, beruht auch die Verdammung der Fliege auf einer Anerkennung ihrer Existenz. Ungeachtet aller Schmähungen hält die Fliege sich schließlich mit Vorliebe im Dunstkreis des Menschen auf. Man kann sie schmähen, verfluchen oder erschlagen, aber man kann sich nicht leicht über ihre Gegenwart hinwegsetzen. »Sie lebt mit dem Menschen zusammen, hat die gleichen Gewohnheiten und isst am gleichen Tisch«, notiert Lukian in seinem *Lob der Fliege*.[17] Eine Fliege, »schwarze Inkarnation des Kapriziösen« (John Ruskin), lässt sich durch Menschenhand nicht leicht vertreiben: »Schlage mit Deiner Hand nach ihr«, und der gewaltige Hieb ist für sie »nichts als eine vorübergehende Alltagserscheinung. Sie weicht aus und lässt sich unverzüglich auf Deinem Handrücken nieder.«[18] Diese Unverdrossenheit erfuhr auch der bereits erwähnte Julius Meier-Graefe auf seinen Fliegenjagden im hochsommerlichen Madrid. »Leider bleiben immer ein paar übrig. Sie setzen sich auf die Schnur der elektrischen Plafondlampe, die ich schon zweimal abgerissen habe, wobei das eine Mal die hübsche Lampe draufging. Da nach Darwin die übrigbleibenden die geschicktesten ihrer Art sind, quälen sie einen nachher doppelt und dreifach.« Die Fliegen haben das letzte Wort. »So kommt es«, notiert Meier-Graefe im Tagebuch, »dass ich den größten Teil des Tages im Escorial verbringe.«[19]

Die Macht der Fliegen zeigt sich in ihrer stoischen Unbekümmertheit. Der gute Wille beeindruckt sie ebenso wenig wie die Androhung roher Gewalt. »Du kannst sie nicht erschrecken und nicht beherrschen, weder überreden noch überzeugen«, schreibt Ruskin.[20] So lauert im Hass auf die Fliegen wohl auch die heimliche Gewissheit, dass wir ihnen wohl gleichgültiger sind als sie uns. »Wir erkennen in der Fliege, dass sie uns nicht

Worauf wartet der Frosch? Der Tanz der Fliegen um den Löwenzahn lässt ihn wohl diesmal seine Absichten vergessen. Aquarell des niederländischen Tierillustrators Jan van Oort

beachtet; was uns provoziert und beunruhigt, ist unsere eigene Bedeutungslosigkeit in den Augen dieser definitionsgemäß unbedeutendsten aller Kreaturen.«[21] Fliegen sind das radikal

Andere, das uns nicht meint, aber auch nicht von uns ablässt. Anders als im Fall der Hunde kann die Annäherung an die Fliegen daher nicht über Mitleid, spontane Zuneigung oder Identifikation erfolgen. Die Attribute der Empathie – ein weiches Fell, menschenähnliche Züge, der anheimelnde Blick – kommen ihnen nicht zu. Von Fliegen zu sprechen, bedeutet, den Bereich der Menschenähnlichkeit zu verlassen: Sie haben sechs Beine und Facettenaugen, gehen nicht aufrecht, sondern krabbeln und schwirren umher. Dabei sind sie so winzig, dass ihre Gestalt kaum als Gegenüber infrage kommt – eher als bewegtes Ding, fliegendes Etwas und Störgeräusch. Der Autor des Tierportraits *Schweine* berichtet einleitend von dem Schreck, der ihn beim ersten Blick auf das druckfertige Buchcover überkam – »Schweine. Ein Portrait von Thomas Macho«. Der Titel, vom Autor selbstredend als *Portrait der Schweine* gemeint, konnte grammatikalisch ebenso gut als ein *Portrait des Autors als Schwein* gelesen werden.[22] Im Fall der Fliegen drängt sich diese Lesart nicht auf. Im Umgang mit ihnen dominiert die Erfahrung gegenseitiger Fremdheit, Unvergleichbarkeit und Distanz: Ein Portrait des Autors als Fliege liegt nicht im Bereich erwartbarer Assoziationen.

In der bereits erwähnten Erzählung führt Stifter den Hund Asu als Gefährten aus der Klasse der »sehenden Wesen« ein (»Unter den sehenden Wesen war Asu, der Hund, von dem Abdias am meisten geliebt wurde«). Die gesamte Erzählung hindurch ist der Blick das entscheidende Merkmal des Tieres. »Dieser Hund, da er erwachsen war, begleitete Abdias überall, und wenn er halbe Tage lang bei Ditha in dem Zimmer, oder manchmal auch in dem Grase des Gartens saß, so saß der Hund immer dabei, wendete kein Auge von den beiden, als verstünde er, was sie sagten, und als liebte er sie beide.«[23] Auch die plötzliche Fremdheit des Tieres zeigt sich dementsprechend als »widerwärtiger« Glanz in seinen Augen, und als es wenig später dem Ende zugeht, bleibt als letzte Regung ein Blick: Das sterbende Tier »richtete das gläserne Auge auf Abdias«.[24] Wenige Jahrzehnte später beschreibt auch Tolstoi einen solchen Blick. 1873 hatte der Dichter sich eine englische Stute namens Frou-Frou gekauft. Im Roman findet das Tier auf einer Pferderennbahn in St. Petersburg ein trauriges Ende: Eine ungeschickte Auf- und Abwärtsbewegung des Reiters (Graf Wronski) bricht der Stute kurz vor der Zielgerade in vollem Galopp das Rückgrat. Das Tier stürzt schnaufend zu Boden und bleibt zitternd liegen »wie ein angeschossener Vogel«. Wronski, der die Situation nicht begreifen will, glaubt noch an eine mögliche Fortsetzung des Rennens und zerrt die Stute ungehalten am Zügel. »[...] den Kopf zu ihm gebogen, schaute sie ihn an mit ihrem hinreißenden Auge.«[25]

Was bedeutet es, sich als Mensch auf diese Weise von einem Tier angeblickt zu wissen? Die Wissenschaften vom Tier, schreibt Jacques Derrida, produzieren Texte, »die von Leuten signiert sind, die das Tier zweifellos gesehen, beobachtet, analysiert, reflektiert haben, die sich aber nie vom Tier *gesehen sahen*«. Derridas Überlegungen nehmen ihren Ausgang vom Blick seiner Katze, die ihm morgens ins Badezimmer folgt und ihn dort in seiner Nacktheit betrachtet. Der Blick der Katze eröffnet dem Philosophen das »verrückte Theater des *ganz anderen, das sie ›Tier‹ und zum Beispiel ›Katze‹ nennen*«, eines »ganz anderen, das mehr anders ist als alles andere«.[26] Im Lebewesen, das den Menschen nicht nur wahrnimmt, sondern ihn aus der Distanz heraus in seiner Nacktheit fixiert, erkennt Derrida die Grenzen der eigenen Gattung. »Wie jeder bodenlose Blick, wie die Augen des Anderen gibt der ›animalisch‹ genannte Blick mir die abgründige Grenze des Menschlichen zu sehen: das Unmenschliche oder das Anhumane, die Enden des Menschen.« *Das Tier, das ich also bin* überschreibt Derrida seinen Text – im Blick des Tieres sich selbst zum Fremden geworden.

Hätte Derrida diese »Taxonomie *des Blickpunkts*«, seine Überlegungen zur »Frage des Pathos«, des »Mitgefühls und des (Mit)leid(en)s«[27] auch anlässlich einer Fliege schreiben können, die ihm beim morgendlichen Gang ins Badezimmer zufällig hinterhergeflogen wäre und sich am Rand des Spiegels, an der Zimmerdecke oder auf einem Stück Seife niedergelassen hätte? Wohl kaum. Denn die Fliege zeigt sich in der Regel als blickloses Tier: ein Anderes, das lebt und sich bewegt, dessen Augen uns aber verborgen bleiben. Der »bodenlose Blick« der Katze kann rasch ins Unheimliche driften, da er die Erfahrung eines »ganz anderen« aufdrängt, das bei aller Fremdheit doch Augen hat, mit denen es uns aus seiner Tierhaftigkeit heraus fixiert. Einen solchen Blick kennt man von der Fliege nicht. Einige wenige literarische Texte beschreiben das Ereignis, von einer Fliege angeblickt zu werden (dazu später mehr), aber in der alltäglichen Wahrnehmung spielt diese Erfahrung keine Rolle. Nicht etwa, weil die Fliege keine Augen hätte: Ihr Facettenauge ist legendär. Obwohl unbeweglich, erschließt es mit seinen Tausenden von Einzelaugen (Ommatidien) ein ungleich

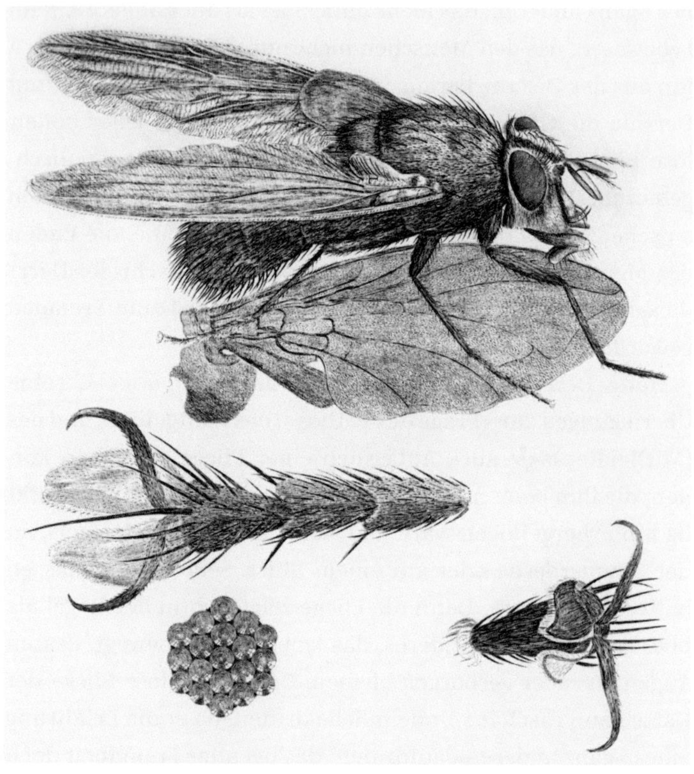

Als einer der ersten Naturforscher betrachtete Robert Hooke Fliegen im Mikroskop. In seinem Werk Micrographia *(1665) dokumentierte er seine Beobachtungen mit Zeichnungen.*

größeres Blickfeld als das Auge des Menschen. Auch die zeitliche Auflösung liegt mit ca. zweihundert Bildern pro Sekunde über der Wahrnehmungsfähigkeit der Menschen. Aber der Blick dieses Auges adressiert uns nicht, wir können uns von ih-

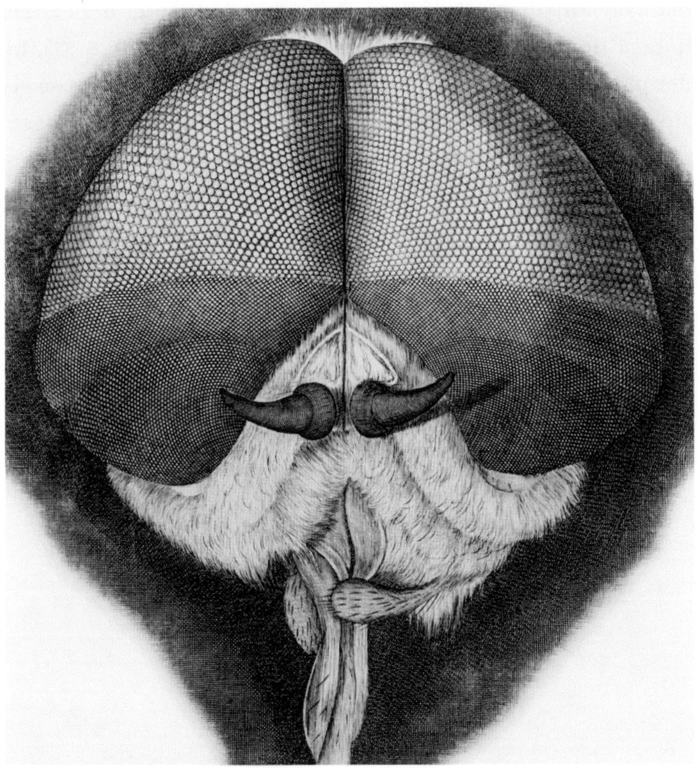

Für uns sind Fliegen Lebewesen ohne Blick. Selbst wenn man ihr Auge ins Riesenhafte vergrößert, zeigt sich uns kein Blick, nur ein abstraktes, undurchdringliches Gitter.

nen nicht angeblickt fühlen: Aus menschlicher Sicht sind diese Sehorgane bloß punktförmige Gebilde, von denen man lediglich weiß, dass es sie irgendwo in dem winzigen krabbelnden Körper geben muss. Um die Augen der Fliegen zu sehen, muss man sie künstlich vergrößern, wie es 1665 als einer der ersten Robert Hooke mit seinem Mikroskop getan hat (Abb. S. 31). In der plötzlichen Nähe erscheint das Sehorgan ins Monströse gesteigert. Der Fliegenkopf mit den beiden riesigen Wölbungen steht uns unmittelbar gegenüber, jede einzelne der Facetten – Hooke zählt 14 000 von ihnen – ist zu erkennen, aber zur Vorstellung eines uns treffenden Blicks gelangt man nicht. Einmal mehr ist die Fliege nur Gesehenes, nichts Sehendes. Die Zellen, die ihren Blick ermöglichen, haben das Aussehen eines Gitters, das ihn versperrt. An diesem Eindruck ändert auch die fotografische Abbildung nichts. Es ist, als seien alle Fliegen blind. Wer sie tötet, muss ihnen nicht in die Augen blicken.

Unheimliches Auge

Robert Musil, der »größte Tierschriftsteller des zwanzigsten Jahrhunderts« (Marcel Beyer), hat diese Gewissheit mit einem einzigen Satz aus den Angeln gehoben. Er findet sich in einem Text, den Musil dem Tod der Fliegen gewidmet hat, ihrem langsamen Sterben in den giftigen Dämpfen eines chemischen Fliegenfängers. »Das Fliegenpapier Tangle-foot ist ungefähr sechsunddreißig Zentimeter lang und einundzwanzig Zentimeter breit; es ist mit einem gelben, vergifteten Leim bestrichen und kommt aus Kanada. Wenn sich eine Fliege darauf niederläßt – nicht besonders gierig, mehr aus Konvention, weil schon so viele andere da sind – klebt sie zuerst nur mit den äußersten, umgebogenen Gliedern, aller Beinchen fest.«[28] Der Berührung mit der haftenden Schicht des Papiers folgt ein Moment des Grauens, eine erste Ahnung des Tiers, dass es diesen Ort nicht mehr verlassen wird – »eine ganz leise, befremdliche Empfindung, wie wenn wir im Dunkel gingen und mit nackten Sohlen auf etwas träten, das noch nichts ist als ein weicher, warmer, unübersichtlicher Widerstand und schon etwas, in das allmählich das grauenhaft Menschliche hineinflutet, das Erkanntwerden als eine Hand, die da irgendwie liegt und uns mit fünf immer deutlicher werdenden Fingern festhält«. Dieser Erfahrung des Schreckens folgt ein verzweifelter Versuch, Fassung zu bewahren, in der zugeschnappten Falle noch ein letztes Mal so zu tun, als wäre nichts. »Dann stehen sie alle forciert aufrecht, wie Tabiker, die sich nichts anmerken lassen wollen, oder wie klapprige alte Militärs (und ein wenig o-beinig, wie wenn man auf einem scharfen Grad steht). Sie geben sich Haltung und sammeln Kraft und Überlegung.« Versuche, sich durch heftige Bewegungen zu befreien, führen zu nichts und lassen den Körper nur noch tiefer im klebrigen Grund versinken. »Von unten steigen verwirrende Dünste auf.« Nach einer Weile geben die Fliegen auf. Noch ein letzter Versuch, sich aufzubäumen, dann ist der aussichtslose Kampf verloren. »Sie lassen sich dann plötzlich fallen, nach vorne aufs Gesicht, über die Beine weg; oder seitlich, alle Beine von sich gestreckt; oft auch auf die Seite, mit den Beinen rückwärts rudernd. So liegen sie da. Wie gestürzte Aeroplane, die mit einem Flügel in die Luft ragen.«

Auf einer Fotografie Jacques-André Boiffards aus dem Jahr 1930 ist die Agonie der Fliegen festgehalten – »ein schon fast elegant choreographierter Höllensturz animalischer Engelsfiguren«.[29] Im Gegenlicht werden die Fliegenkörper zu bloßen Schatten. Am oberen Teil des Klebestreifens sind mehrere von ihnen zu einem ununterscheidbaren, schwarzen Körper verklumpt, als hätten sie bis zuletzt noch Halt aneinander gesucht. Darunter, deutlich voneinander zu unterscheiden, vier Umrisse von Einzelkämpferinnen: Auch aus ihnen ist das Leben gewichen, aber das Foto zeigt sie zu letzten, lebenden Bildern erstarrt, für immer festgehalten in den Gebärden ihrer Verzweiflung. Eine der vier Fliegen ist mit ihren Beinen noch in das undurchdringliche schwarze Knäuel verstrickt und scheint doch zugleich auch schon im Fall rücklings nach hinten begriffen. Die Fliege darunter schreitet unendlich mühsam vorwärts, gebückt vor Erschöpfung, mit gesenktem Kopf, auf erschre-

Höllensturz oder choreografierter Tanz? So inszeniert der Surrealist Jacques-André Boiffard den Tod der Fliegen. Klebestreifen mit Fliegen, *1930.*

ckende Weise menschenähnlich. Die Gestalt ganz unten ist unter ihrer Last zusammengebrochen, den Körper mühsam auf das einzelne, eingeknickte Vorderbein gestützt, während die Hinterbeine schon ohne festen Halt im Bodenlosen schweben und nur noch die filigranen Flügel wie ein nutzlos gewordener Schmuck der Evolution in die Höhe ragen.

Anders als Boiffards fotografisches Epitaph des Fliegensterbens schildert Musil die Agonie der Fliegen als eine Serie einander abwechselnder Bilder. Im Text »wuchern Vergleiche, Metaphern oder Amplifikationen«.[30] Die meisten von ihnen stammen aus der Lebenswelt des Menschen: der Tabiker (ein an Schwindsucht Erkrankter), der klapprige Militär, der Kletterer, der infolge des Schmerzes in seinen Fingern »freiwillig den Griff der Hand öffnet« und sich fallen lässt, der Verirrte, der »im Schnee sich hinlegt wie ein Kind«. Selbst am Ende ihres vergeblichen Überlebenskampfes schildert Musil die Fliegen nicht als im Tod erstarrte Körper, eher erscheinen sie ihm »wie Schläfer«: »Noch am nächsten Tag wacht manchmal eine auf, tastet eine Weile mit einem Bein oder schwirrt mit dem Flügel. Manchmal geht solch eine Bewegung über das ganze Feld, dann sinken sie alle noch ein weniger tiefer in ihren Tod.«

Im Verlauf des Textes nähert sich das Äußere der Fliegen mehr und mehr demjenigen des Menschen an: Aus den »Beinchen« werden unversehens »Beine«, die Fliegen besitzen »Zungen«, haben gar »Ellbogen«, schließlich »ein Gesicht«. Und doch hat diese Vermenschlichung des Tiers nichts Anheimelndes, Vereinnahmendes. Denn Musil ruft die Menschenähnlichkeit der Fliege nur auf, um sie am Schluss des Textes in der Erfahrung des Unheimlichen münden zu lassen: »Und nur an der Seite des Leibs, in der Gegend des Beinansatzes, haben sie irgend ein ganz kleines, flimmerndes Organ, das lebt noch lange. Es geht auf und zu, man kann es ohne Vergrößerungsglas nicht bezeichnen, es sieht wie ein winziges Menschenauge aus, das sich unaufhörlich öffnet und schließt.«

Die Fliege überlebt ihren Tod als ewiges Auge. Der Beobachter, der ihr langsames Verenden im klebrigen Leim des Papiers zuletzt noch durch ein Vergrößerungsglas hindurch verfolgt hatte, sieht sich plötzlich selbst von einem Etwas angeschaut, das zudem noch aussieht »wie ein Menschenauge«. Sein Blick ist unheimlicher noch als der »bodenlose Blick« der Katze im Badezimmer des Philosophen. Denn er trifft den Beobachter gänzlich unvermittelt, von einem Ort aus (»in der Gegend des Beinansatzes«) und in einer Situation, in der er sich in seinem Studium des Fliegensterbens gänzlich unbeobachtet fühlte. Musil hat alles getan, um den aberwitzigen Gegenblick der Fliege so uneindeutig und ungreifbar wie möglich zu gestalten: Das Auge, das ihn entsendet, ist nur »winzig«, es schaut aus einem Körper heraus, der zur Hälfte bereits gestorben ist, und es sieht auch nur so aus wie ein Auge. Der Mensch sieht in der Fliege – nur fast – sich selbst: fixiert von einem Sehorgan, das keines ist. Mit diesem Quasi-Blick der Fliege bricht die Erzählung ab. Eine Zeit lang spielt der Text mit der Möglichkeit der Empathie, am Ende aber dementiert er sie: Die im Sterben menschenähnlich gewordenen Insekten kehren in eine Welt des Animalischen zurück, die Einfühlung unwahrscheinlich macht.

Musils *Fliegenpapier* gehört zu den wenigen Versuchen, die Fliege nicht allein als Objekt der Beobachtung durch den Menschen zu zeigen, sondern als ein seinerseits den Menschen wahrnehmendes Wesen – ein Insekt, das uns im Blick hat. Eine solche Ausnahme präsentiert wenige Jahrzehnte später auch das Kino, in einer nur wenige Sekunden andauernden Einstellung des Films *Die Fliege* (1958) des Hollywood-Regisseurs Kurt Neumann. Der Film erzählt die Geschichte des Physikers André Delambre, der nach wochenlangen Studien in der Abgeschiedenheit seines Labors ein Verfahren zur Teleportation entwickelt hat. Mithilfe eines »Desintegrators« gelingt es Delambre, Gegenstände in ihre Atome aufzulösen, um sie anschließend im »Integrator« zu rematerialisieren. Nach erfolgreichen Versuchen mit einem Hamster sowie einer Champagnerflasche schreitet er eines Abends zum Selbstversuch und begibt sich in den Desintegrator. Im Inneren des Geräts sitzt unbemerkt auch eine Fliege und tritt gemeinsam mit Delambre die Reise in die immaterielle Welt an. Als Delambre wenig später dem Integrator entsteigt, hat sein Körper sich mit demjenigen der Fliege verbunden. Delambre schließt sich in seinem Labor ein und arbeitet panisch an einer Methode, die Verwandlung wieder rückgängig zu machen. Als es seiner Frau Helene gelingt, das über den Kopf geworfene Tuch beiseitezuziehen, erblickt auch der Zuschauer zum ersten Mal Delambres monströsen Fliegenkopf. Die Kamera nähert sich den beiden riesigen Augen, die aber weniger wie Sehorgane erscheinen, vielmehr wie zwei goldene, reflektierende Halbkugeln. Es folgt ein Schnitt – und die nächste Einstellung zeigt das von Entsetzen gezeichnete Gesicht Helenes *so wie die Fliege es sieht* – als kaleidoskopartiges, dutzendfach aufgefächertes Bild. Für einen kurzen Augenblick und wohl zum ersten Mal in der Filmgeschichte teilen die im Dunkel des Kinosaals versunkenen Zuschauer die

Im Film Die Fliege *(1958) kehrt Regisseur Kurt Neumann die Perspektive um: Für einige Sekunden sehen die Kinobesucher, was sie sehen würden, wenn sie Fliegen wären.*

Weltsicht einer Fliege und werden in der Imagination selbst zu Insekten. Der Toningenieur hat auch die Akustik der Szene dieser neuen Lebenswelt angepasst. Der gellende Schrei Helenes erklingt eigentümlich gedämpft, schon in weite Ferne gerückt; ein letztes Echo aus der Welt des Menschen, halb schon aus der Sphäre des Animalischen wahrgenommen. Die nächste Einstellung kehrt zur gewohnten Kameraperspektive zurück, ein letzter Entsetzenschrei Helenes ertönt, aber diesmal schon wieder in der vertrauten Menschenwelt – der Bann ist gelöst, die Menschlichkeit des Kinobesuchers wiederhergestellt. Für einen kurzen Augenblick aber war der animalische, »bodenlose Blick« des Tieres in der Imagination *unser eigener* Blick, der Blick auf uns selbst *als Tier* und aus den Augen eines Tiers.

Ein halbes Jahrhundert später wiederholt die Serie *Breaking Bad* die momentane Verschmelzung von Zuschauer und Fliege. In der zehnten Episode der dritten Staffel (»Fly«) dringt eine Fliege in das hochtechnisierte Labor ein, in dem die beiden Titelhelden Walter White und Jesse Pinkman große Mengen von Crytal Meth für den amerikanischen Drogenmarkt produzieren. White ist davon überzeugt, dass der rätselhafte Verlust mehrerer Gramm ihres Produkts auf die Kontamination des Labors durch die Fliege zurückzuführen ist, die sich im weiteren Verlauf der Handlung auf sein Brillenglas setzt. Während der stundenlangen Jagd auf die Fliege kommt es abermals zum beschriebenen Perspektivenwechsel. Eine kurze Schwärzung des Bildschirms kündigt ihn an. Als das farbige Bild wieder erscheint, hört man sehr nahe das Summen der Fliege, und die schwindelerregenden, den Raum durcheilenden Bewegungen der Kamera zeigen an, dass wir die Welt des Labors nun aus ihrer Sicht betrachten, um uns mit ihr schließlich kopfüber an der Decke niederzulassen und von dort oben auf die Verfolger herabzublicken. Die kinematografische Einfühlung in den Fliegenblick ist Gegenstand einer menschlichen und apparativen Projektion: Fliegen lassen sich beim Sehen nicht filmen. Sie teilen nicht die Weltsicht des Menschen und gehen auch nicht ins Kino. Würde es wirklich einmal gelingen, die Perspektive einer Fliege einzunehmen, müsste der Mensch zugleich sich selbst unheimlich sein – fremd wie aus der Sicht einer anderen Spezies. Daher ereignen sich alle Versuche, den Insektenblick zu adaptieren, in einer Zwischenwelt, in der die Fantasie die Menschenwelt verlassen hat, ohne bereits im Lebensraum der Fliege angekommmen zu sein. Von dieser Zwischenwelt wusste auch der Biologe Jakob von Uexküll.

Auf dem Fliegenplaneten I

Zwei Jahrzehnte vor Neumanns cineastischer Einfühlung in den Fliegenblick hatte Jakob von Uexküll den Lesern seiner *Streifzüge durch die Umwelten von Tieren und Menschen* die Erscheinung einer pittoresken Dorfstraße (Abb. S. 50) aus der Sicht einer Fliege präsentiert (Abb. S. 51). Uexkülls Anliegen war es, die Biologie aus der Dominanz der mechanistischen Weltanschauung zu lösen und Tiere »nicht mehr als bloße Objekte« zu begreifen, sondern als »Subjekte, [...] deren wesentliche Tätigkeit im Merken und Wirken besteht«. Demnach erzeugten die Sinnesorgane eines Lebewesens seine »Merkwelt«, die Bewegungsorgane seine »Wirkwelt«, und beide zusammen bildeten die Umwelt, in der es wahrnahm, sich fortbewegte und ernährte. Auf diese Weise existierten alle Lebewesen in eigenen »Seifenblasen«, die sich von den Umwelten anderer Lebewesen unterschieden. »Eine neue Welt entsteht in jeder Seifenblase.«[31]

Diese Relativität der Lebenswelten war bereits den Naturforschern des 18. Jahrhunderts durch ihre Verwendung des Mikroskops bewusst geworden. »Die Anfänge und Enden, die übermäßige Größe und die übermäßige Kleinheit der Dinge sind für uns Gegenstand der Verblüffung und Verwirrung«, bemerkt Henry Baker in seiner Abhandlung *The Microscope Made Easy* von 1754. Verglichen mit den winzigen Lebewesen, die das Mikroskop ihm zeige, möge der Mensch sich als groß und bedeutend empfinden, so Baker, aber im Verhältnis zur Ausdeh-

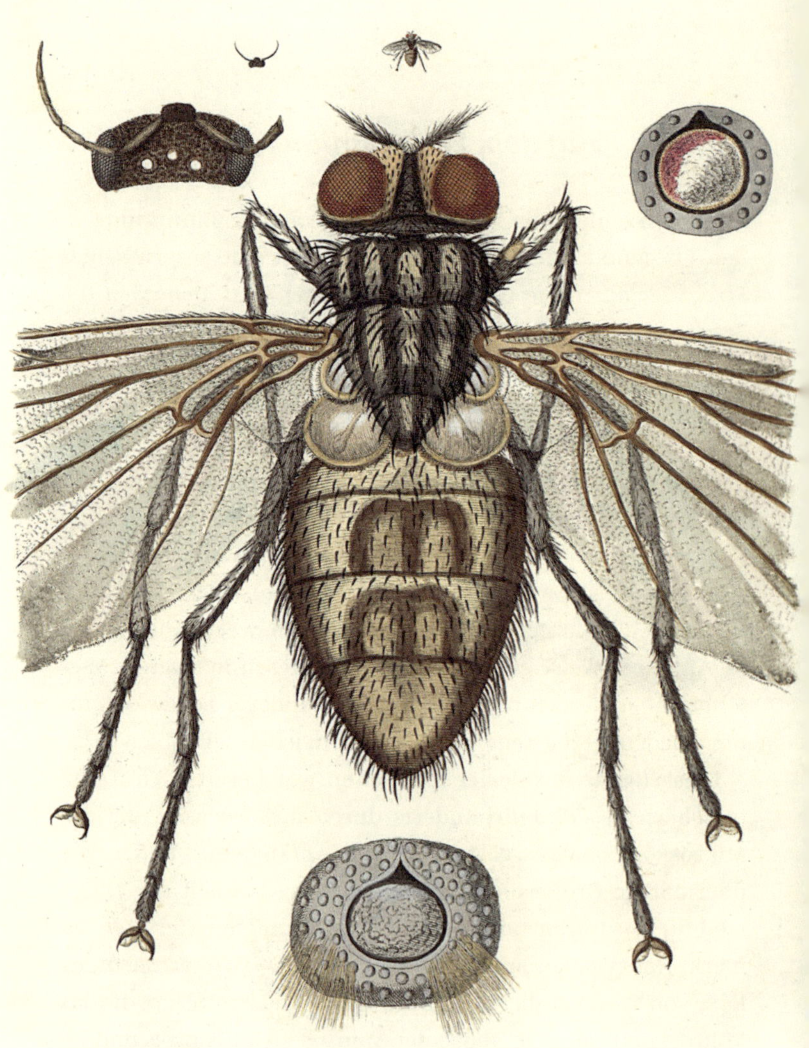

Wilhelm Friedrich Freiherr von Gleichen, 1790: Mit bloßem Auge sieht man nur ein »schwarzbraunes Thierchen, ohne in die Augen fallende Schönheit.«

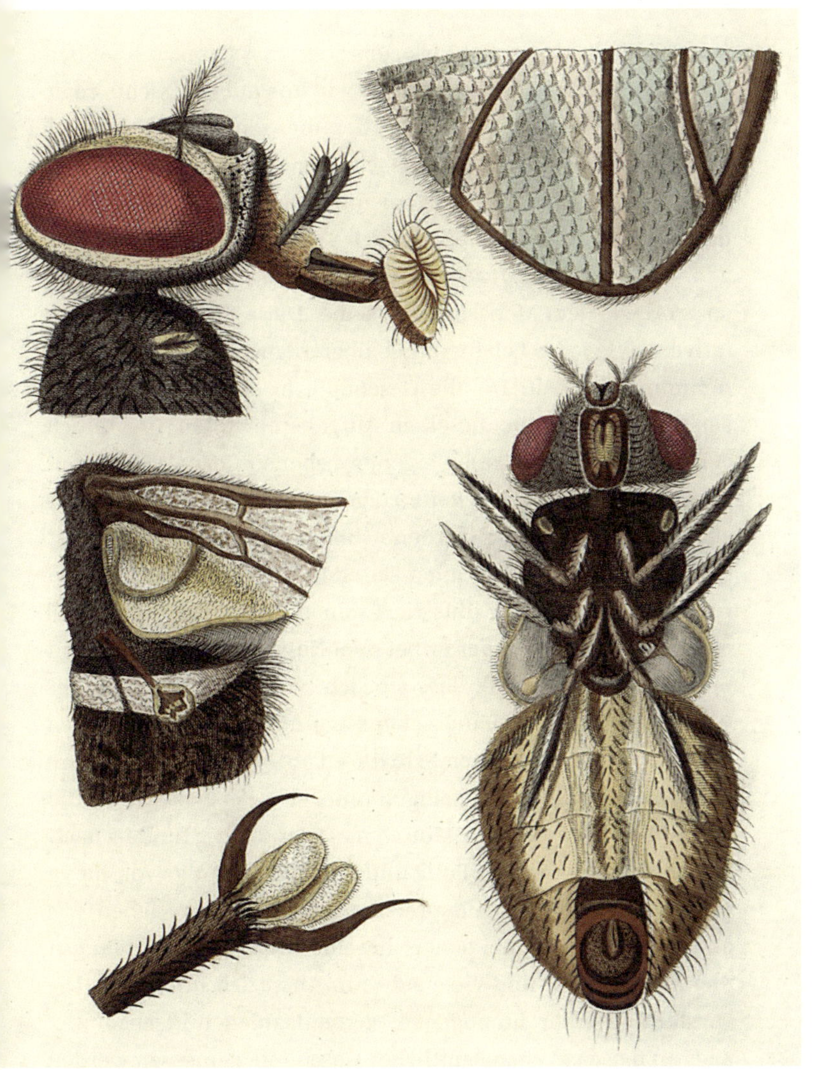

»Mit dem vortreflichen Instrument des Vergrößerungsglases aber sehen wir sie in der nemlichen Pracht, wie Sie sich selbsten untereinander sehen.«

nung eines Gebirges, der Erde, des Sonnensystems, schließlich der gesamten Schöpfung »finden wir uns auf ein Nichts reduziert«.[32] Aus dieser Relativität der menschlichen Größe folgerte Baker, dass sämtliche Lebewesen – vom Menschen über das Insekt bis zum Mikroorganismus in einem Wassertropfen – über einen verhältnismäßig gleich großen Lebensraum verfügen. Dem winzigen Insekt erscheint seine winzige Umgebung so groß wie dem Menschen die seine. Diese Einsicht in die relative Größe jedes Lebensraums überträgt Baker auf die Wahrnehmung der Zeit: Da alle Geschöpfe in der ihnen zugemessenen Lebensspanne dieselben Aufgaben erfüllen – »nämlich geboren zu werden, einen eigenen Lebensunterhalt zu finden, zu wachsen, zur vollen Reife zu gelangen, die eigene Gattung zu vermehren und zu sterben« –, müsse die dabei vergehende Lebenszeit auch von allen Geschöpfen als gleich lang empfunden werden. Baker illustriert seinen Gedanken am Beispiel einer Fliegenart, von der er bei dem Naturforscher Jan Swammerdam gelesen hatte, dass sie sich an den Mündungen des Rheins aufhalte und eine Lebensspanne von nur fünf Tagen besitze, um die genannten Schritte zu absolvieren. »Man kann also annehmen, dass diejenigen unter den Lebewesen, die diese Aufgaben in wenigen Monaten, Tagen oder Stunden nachkommen, aufgrund der Fülle und der raschen Folge von Ideen, die diesen Aufgaben entsprechen, genauso lange leben wie andere Lebewesen, bei denen dieselbe Folge von Ideen langsamer fortschreitet und viele Jahre in Anspruch nimmt.«[33] Die Vorstellung einer homogenen, gemeinsamen und absoluten Zeit, an der das Leben sämtlicher Geschöpfe gemessen werden konnte, war in den Augen Bakers aufzugeben. Es gab so viele

Zeiten wie es Lebewesen gab. Den Zyklus von Geborenwerden, Wachsen, Sichvermehren und schließlich Sterben brachten die Fliegen in ihrer Lebenszeit problemlos unter, indem sie einfacher *schneller* lebten als der vergleichsweise langsame Mensch. Die Naturwissenschaften des 20. Jahrhunderts haben diesen Gedanken wieder aufgenommen. In seiner *Insektopädie* weiß der Anthropologe Hugh Raffles zu berichten, »dass Fliegen in einer Welt leben, die sich viel schneller als unsere bewegt. Sie werden geboren und sterben innerhalb weniger Tage, Wochen oder Monate, nicht im Zeitraum von Jahrzehnten. Sie leben in einer anderen Dimension als wir. In einer Dimension, die nicht nur nach Sehschärfe, Muster und Farbe verschieden ist, sondern die auch das Leben im Zeitraum anders ausrichtet.«[34]

Diese Relativität der Lebenswelten betonte auch der Naturforscher Wilhelm Friedrich Freiherr von Gleichen (genannt Rußwurm). In seiner 1790 erschienenen *Geschichte der gemeinen Stubenfliege* heißt es: »Unvergrößert kennen wir sie nur als schwarzbraunes Thierchen, ohne in die Augen fallende Schönheiten [...]. Mit dem vortreflichen Instrument des Vergrößerungsglases aber sehen wir sie in der nemlichen Pracht, wie Sie sich selbsten untereinander sehen«.[35] Mit dem Auge am Okular des Mikroskops versetzt von Gleichen sich in die Fliegenperspektive. Das winzige Insekt wird dort zum veritablen Gegenüber, und für die Dauer dieser unverhofften Begegnung verlässt der Freiherr die Welt der Menschen und wird selbst zur Fliege.

Während bei Rußwurm die Utopie einer zeitweisen Verschmelzung von Mensch- und Fliegenperspektive aufschien, insistierte Uexküll mit seiner Lehre von den Seifenblasen auf der strikten Trennung der Wahrnehmungswelten. »Die Biene, die Libelle, oder die Fliege, die wir an einem sonnigen Tag neben uns fliegend beobachten«, so fasst Giorgio Agamben diese Sichtweise zusammen, »bewegen sich weder in derselben Welt, in welcher wir sie beobachten, noch teilen sie mit uns – oder unter sich – dieselbe Zeit und denselben Raum.«[36] Die Vertreter konstruktivistischer und biologisch unterfütterter Erkenntnistheorien konnten diesen Gedanken später aufnehmen, denn ihre Ansicht, dass Kommunikation nicht auf der Erfahrung einer allen gemeinsamen Umwelt, sondern im Gegenteil auf der bloßen Fiktion einer solchen Gemeinsamkeit beruhe, war bei Uexküll schon vorgezeichnet: »Einen von den Subjekten unabhängigen Raum gibt es nicht. Wenn wir doch an der Fiktion eines allumfassenden Weltraums festhalten, so geschieht das bloß, weil wir mit Hilfe dieser konventionellen Fabel uns leichter miteinander verständigen können.«[37]

So gab Uexküll seinen Lesern ganz folgerichtig zu verstehen, dass die »Reisebeschreibung« durch die Umwelt der Tiere »sich nicht unserem leiblichen, sondern nur unserem geistigen Auge« erschließe: Zu groß und unvereinbar waren die Unterschiede zwischen den Umwelten der Lebewesen, zu sehr waren die Subjekte in ihrer Weltsicht befangen, als dass ihre Trennung voneinander durch Einfühlung hätte überwunden werden können. Und auch wenn die diversen Umwelten gleichsam aneinander stießen, divergierten ihre Eigenarten und Funktionen beträchtlich. Die Spinne beispielsweise, die in ihrer Spinnenwelt von der Welt der Fliege nichts weiß, webt die Radial- und Zirkularfäden ihres Netzes so, dass sie dem Auge der Fliege entgehen und diese beim Passieren des Spinnenuniversums ahnungslos in den Tod fliegt. »Die Fliege, die sich im Spinnennetz verfängt, kann diesen Bedeutungsträger in ihrer Umwelt durchaus nicht verwerten, sondern nur erdulden.«[38]

Seine Überzeugung von der Geschlossenheit der Welten hinderte Uexküll aber nicht daran, in seiner Seifenblase darüber nachzudenken, wie sich wohl die Umwelt im Inneren der Nachbar-Seifenblasen darstellen möge – seien es diejenigen von Mollusken, Insekten, Füchsen oder Mitmenschen. Und da er um größtmögliche Anschaulichkeit seines Denkens bemüht war, beauftragte er seinen Schüler Georg Kriszat, nach geeigneten Illustrationen zu suchen, um aus der Studie auch ein »Bilderbuch unsichtbarer Welten« zu machen, wie der Untertitel des Buches lautete. So soll uns das bereits erwähnte Aquarell der Dorfstraße (Abb. S. 51) – aller Insektenhaftigkeit zum Trotz – am »Sehraum« der Fliege teilhaben lassen. Die scharfen Konturen der Gegenstände, wie der Menschenblick auf der Vergleichsabbildung sie zeigt (genau genommen: kein Menschenblick, sondern die Optik einer Kamera und ihr zweidimensionales Produkt in Schwarz-Weiß), sind einer Ansammlung ineinanderfließender Hell- und Dunkelmassen gewichen. In einem zweiten Bildpaar zeigt Uexküll »das Zimmer des Menschen« und »das Zimmer der Fliege«. Diesmal soll nicht der optische Sehraum der Fliege veranschaulicht werden, sondern die »Wirktöne«, die von den einzelnen Gegenständen im Raum auf die Wahrnehmungsorgane der Fliege ausgehen. Wo der Mensch (Abb. S. 48) mit allen Dingen die lebhafte Vorstellung alltäglicher Verrichtungen verbindet – mit Sofa, Stuhl und Sessel die »Sitztönung (orange)«, mit dem gedeckten Esstisch die »Speisetönung (rosa)«, mit dem Pult die »Schreibtönung

Jacob von Uexküll / Georg Kriszat: Zimmer des Menschen. Die verschiedenen Farben markieren die Sinnesreize, die für den Menschen vom Anblick der Gegenstände ausgehen.

(blau)«[39] etc. –, kennt die graue Welt der Fliege als Attraktion nur den »Laufton«, das heißt den Reiz, der für das Insekt von den Oberflächen der Gläser und Teller ausgeht, sowie das lockende Angebot der Hängelampe, auf der man – zum Entsetzen von Julius Meier-Graefe – artgemäß landen und krabbeln kann. Hängelampen, das weiß auch Uexküll, üben eine besondere Anziehung auf Fliegen aus. »Es ist bekannt, daß Fliegen eine herabhängende Lampe oder einen Kronleuchter nicht einfach umkreisen, sondern immer ruckweise den Flug unterbrechen, wenn sie sich einen halben Meter von ihm entfernt haben, um dann nahe an ihm vorbei oder unter ihm wegzufliegen. Sie benehmen sich dabei wie ein Bootsmann, der mit seinem Segelboot nicht außer Sicht einer Insel geraten will.«[40] Uexkülls

Jacob von Uexküll / Georg Kriszat: Zimmer der Fliege. Schreibpult und Buchregal üben keinen Reiz auf die Fliege aus. Ihre Aufmerksamkeit gilt dem gedeckten Tisch und der Hängelampe.

Vergleich zwischen Fliege und Bootsmann müsste – das liegt in der Natur des Vergleichens –auch in umgekehrter Richtung funktionieren: Der Bootsmann, der sich in Sichtweite einer Insel hält, handelt wie eine Fliege, die um eine Lampe kreist.

In dieser Vorstellung einer wechselseitigen Übersetzbarkeit von Fliegen- und Menschenwelt zeigen sich bereits die erkenntnistheoretischen Paradoxien, in die Uexküll sich auf seiner Reise in die Welt der Tiere verstrickt hatte. Denn einerseits sollte jedem Lebewesen eine nur ihm eigene Umwelt zukommen (an anderer Stelle hatte Uexküll sich ausdrücklich gegen die Tendenz zur Anthropomorphisierung im Sprachgebrauch der Biologie ausgesprochen). Andererseits ließ sich – aus der Seifenblase des Naturforschers heraus – die Umwelt anderer Lebe-

Bei seinen Streifzügen durch die Umwelten von Tieren und Menschen *(1934) fiel der Blick des Biologen Jacob von Uexküll auch auf diese Dorfstraße.*

wesen nur mit den Bildern und Begriffen beschreiben, die sich in ebendieser Menschenwelt gebildet hatten: Das ganz Andere ließ sich nicht *als solches* darstellen, man musste es der eigenen Vorstellungswelt einverleiben und verfehlte gerade damit seine Andersheit. Eine angemessene Darstellung des Anderen müsste sich an den Grenzen des Verstehbaren aufhalten – als ein bedeutungsleeres Rauschen, eine Artikulation radikaler Unähnlichkeit am »Nullpunkt der Bedeutung«, wie Paul Valéry es mit Blick auf die Fremdheit der uns umgebenden Dinge schreibt. »Solange die Dinge eine Bedeutung und sogar eine Form haben, befinden wir uns im Anthropomorphismus.«[41]

Das anthropomorphistische Dilemma prägt auch die Abbildungen in Uexkülls Studie. Schon ihr Untertitel – »Ein Bil-

So würde nach Uexküll eine Fliege dieselbe Straße sehen – immer noch recht menschenähnlich. Der Versuch der Einfühlung scheitert an der Schwelle zum radikalen Anderen.

derbuch unsichtbarer Welten« – war nicht ohne die erwähnte Paradoxie zu haben. Denn wie kann eine Welt, die wir vor unseren Augen auf dem Papier sich entfalten sehen, zugleich in ihrer »Unsichtbarkeit« bewahrt bleiben? Wie kann die für uns »unsichtbare« Merkwelt der Tiere zugleich als *sichtbares* Bild erscheinen? Zwar sollten die Abbildungen gerade die Differenzen zwischen tierischer und menschlicher Weltwahrnehmung illustrieren. Im Ergebnis sehen das »Zimmer des Menschen« und das »Zimmer der Fliege« einander dann aber doch verdächtig ähnlich. Man sieht hier keineswegs zwei unvereinbare Welten, vielmehr zwei Versionen *derselben* Menschenwelt. Und zeigt das Aquarell tatsächlich »*dieselbe* Dorfstraße für ein Fliegenauge«? Was meint hier »dieselbe«? Im Reich der Fliegen gibt es – aller Wahrscheinlichkeit nach – keine Aquarelle, führen Straßen durch kein »Dorf« und sind »Straßen« vermutlich auch etwas ganz anderes als Straßen.

In ihrem Versuch, das ganz Andere zu denken, erinnern Uexkülls *Streifzüge* an das Unternehmen der Wissenschaftler, die im September 1971 im Astrophysikalischen Observatorium der Armenischen Akademie der Wissenschaften in Bjurakan über Möglichkeiten der Kommunikation mit Außerirdischen debattierten. Als von einem der Teilnehmer die These vorgetragen wurde, eine den Sehorganen des Menschen vergleichbare Entwicklung müsse zwangsläufig auch für extraterrestrische Lebensformen angenommen werden, erläuterte der Physiologe David H. Hubel seine Skepsis mit dem Entwurf einer Tagung von Aliens, die zur selben Zeit irgendwo am anderen Ende der Galaxie abgehalten würde. Auch diesen außerirdischen Kollegen, so Hubel, würde es wohl nicht gelingen, über den Tellerrand ihrer eigenen Ontogenese hinauszublicken und die fremde Spezies des Menschen dementsprechend nach ihrem eigenen Vorbild zu modellieren. Zweifellos war Hubel auch bewusst, dass selbst noch sein Versuch einer radikalen Relativierung des eigenen Menschenstandpunkts auf der zweifelhaften Voraussetzung beruhte, dass auch Außerirdische debattieren und wissenschaftliche Kolloquien abhalten. Sechs Jahre später schickte man mit der Voyager-Sonde digitalisierte Bildplatten und gespeicherte Audiosignale ins All, die den extraterrestrischen Existenzen einen repräsentativen Einblick in das Aussehen und die Kulturproduktion der Menschen geben sollen: Modellbilder der menschlichen Anatomie, Ansichten des Straßenverkehrs in einer pakistanischen Stadt, aserbaidschanische Dudelsackmusik und Kompositionen von Bach, Strawinski und Elvis Presley. »Dabei wird nicht nur angenommen, dass der Alien fließend Binärcode spricht und eine Vorstellung von Rastergraphik hat, sondern vor allem, dass er auch schon einen Farbmonitor oder zumindest einen ordentlichen Drucker besitzt«.[42] Ein grundsätzliches Verstehen extraterrestrischer Intelligenzen wäre eben nur denkbar, wenn es gelingen würde, die eigene Intelligenz zu vergessen. »Wenn der Alien plausibel sein soll, müssen wir uns selbst erst einmal implausibilisieren«.[43] Auch wenn es also nicht gelingen kann, die eigene Vorstellungswelt zu verlassen, so sind die Einsicht in ihre Grenzen und die so bewirkte Selbstentfremdung doch ein Erkenntnisgewinn. Das führen auch Uexkülls Illustrationen vor Augen: Ihr »Experiment«, so Agamben, »produziert den nützlichen Effekt, daß es den Leser desorientiert und ihn dazu zwingt, mit nicht-menschlichen Augen ihm wohl vertraute Orte zu betrachten«.[44]

Uexküll war sich dieser Verstrickungen durchaus bewusst. Deutlich stand ihm vor Augen, dass nicht einmal die zahlreichen Umwelten der Naturforscher – Astronomen, Chemiker, Atomphysiker – ein harmonisches Gesamtbild der Welt ergeben würden, sondern den Anblick reinster Unordnung. »Wenn man ihre objektiven Eigenschaften zusammenfassen wollte, so ergäbe sich ein Chaos.«[45] Und doch wollte Uexküll das Ideal eines alle Vereinzelungen übersteigenden Prinzips nicht aufgeben. Denn in all ihrer Diversität seien die Umwelten doch »gehegt und getragen von dem Einen, das allen Umwelten für ewig verschlossen bleibt. Hinter all seinen von ihm erzeugten Welten verbirgt sich ewig unerkennbar das Subjekt – Natur.«[46]

Die Metamorphose der Mistbiene aus der Familie der Schwebefliegen. Die Larven leben an Tümpelrändern und holen durch ein Atemrohr Luft von der Wasseroberfläche.

Am Ende wartete also doch eine Totalität aller Umwelten – allerdings war diese in der Geschlossenheit der vielen Umwelten auf ewig unerkennbar (und wie Uexküll in seiner Seifenblase von ihr erfahren haben will, bleibt ewig rätselhaft). Uexkülls paradoxe Empathie für die Umwelten der Tiere war in vielerlei Hinsicht sympathischer als der illusionslose Objektivismus der Behavioristen, die alles Verhalten von Mensch und Tier auf experimentell erfassbare Wechselwirkungen von Reiz und Reaktion zurückführen wollten. Die Erforschung des Verhaltens sollte als exakte Wissenschaft im Labor betrieben werden, und nur was sich empirisch nachweisen ließ, erhielt das Gütesiegel echten Wissens.

Für Uexküll hingegen waren Fiktion und Imagination kein Kollateralschaden der wissenschaftlichen Betrachtung, sondern im Gegenteil deren wesentlicher Bestandteil. Als er seine *Streifzüge durch die Umwelten von Tieren und Menschen* unternahm, hatte in den Naturwissenschaften für die Fliege freilich längst eine ganz andere Epoche begonnen. In Gestalt der Art *Drosophila melanogaster* war sie zum bevorzugten Studienobjekt der Genetik geworden. Die Zeit Uexkülls, der sich selbst in der Tradition der romantischen Naturforschung sah, Goethe zitierte und mit Rilke korrespondierte, war mit dieser Art der Forschung abgelaufen. Für die Fliege hatte sich ein neuer Lebens- und Sterberaum eröffnet: das genetische Labor. François Jacob, Medizinnobelpreisträger des Jahres 1965, beschreibt nicht ohne Stolz den Anteil der Laborwissenschaften am modernen Bild der Fliege. »In der Literatur ist die Fliege ein vertrautes Insekt, sie gilt als Symbol für das Störende und Lächerliche. Weniger abstoßend als die Spinne, doch weniger anziehend als der Schmetterling, verkörpert sie das Unruhige, Unsinnige und Unnütze. Schlimmer noch, sie stört die Aufmerksamkeit. Montaigne fand ihr Schwirren für den

Aufschwung des Geistes ›tödlich‹. Für Pascal hält sie ›die Vernunft in Schach‹. Ihre ausgeprägte Vorliebe für Abfall, Fäulnis und Kot machen aus ihr außerdem ein ekelerregendes Objekt. Allein in der Wissenschaft ist es der Fliege also gelungen, zum Star aufzusteigen.«[47] Jacobs Darstellung der modernen Genforschung unterscheidet sich von den traditionellen Fortschrittsgeschichten, die den Gang einer Wissenschaft als Werk vereinzelter Genies auf ihrem unbeirrbaren Weg zur Wahrheit beschreiben, denn seine »Ethik des Wissens« ist zugleich, so Hans-Jörg Rheinberger, eine »Ethik der Ungewißheit«.[48] Dem Gedanken, dass die Fliege nach Jahrhunderten der Schmähung erst in den modernen Lebenswissenschaften Anerkennung gefunden habe, muss allerdings widersprochen werden. Denn wie hier bereits Musils *Fliegenpapier* und Ruskins Lob der »schwarzen Inkarnation des Kapriziösen« gezeigt haben, gab es neben den Schmähschriften und Verwünschungen der Fliege eine Tradition der literarischen und künstlerischen Fliegenbetrachtung lange bevor die Genforschung die Bühne betrat.

Auf dem Fliegenplaneten II

1786 erscheint die Fliege in einer ungewohnten Rolle. In seinem Gedicht *An die Fliege* schildert Friedrich Haug das Insekt einmal nicht als Störung und Parasit der häuslichen Ordnung, sondern als willkommenen Gast des Menschen. Beinahe zärtlich redet der Dichter das Insekt in der ersten Zeile an: »Kleine rege Fliege! Lose Schwärmerin! / Dürstest du, so schmiege / Dich an's Kelchglas hin!« Der Tisch ist reich gedeckt, und Haug ermuntert seinen Gast zu immer neuen Genüssen: »Sieh! Konfect und Flaschen / Mangeln nicht bei mir. / Wein und Zucker haschen / Sollst du für und für!«[49] Das Leben der Fliege im Haus des Dichters scheint ein »ewiger Genuß«. Die Tage dieses »Sommerlebens« sind jedoch gezählt: Der plötzlichen Gewissheit, dass im Winter der unabwendbare Tod der Fliege eintreten wird, folgt schließlich die Einsicht in die eigene Sterblichkeit (»O! Nach dreißig Lenzen / Bin ich todt, wie du!«). Auch bei Haug geht die Empathie nicht so weit, dass es zu einer Verbrüderung zwischen Mensch und Fliege käme. Man teilt den gemeinsamen Haushalt, aber die Fliege geht ihrer eigenen Wege und antwortet offenbar auch nicht, wenn man sie anspricht. Doch macht ihr früher Tod sie zur Schicksalsgenossin des Menschen, dem sie im Sterben beispielhaft vorausgeht.

Zweihundert Jahre später teilt auch eine Wiener Dichterin ihr Schicksal mit einer Fliege. In »diesem Zimmer hier, wird ihr Tod sie ereilen, wie mich«, bemerkt Friederike Mayröcker.[50]

Wie bringt man eine rastlose Fliege dazu, in einem Stillleben Platz zu nehmen? Emilie Preyer, Stillleben mit Sektflöte.

Wie der Katze im Badezimmer des Philosophen gebührt auch der Fliege der Dichterin eine morgendliche Betrachtung, eine »tägliche kleine Meditation sobald ich das Fußbad nehme, während ich SIE, die 1. Stubenfliege, beobachte«. Von ihrem Platz aus schaut die Dichterin der Fliege hinterher, wie sie sich *»eckenstehend und klaubend«* an den Wänden des Zimmers entlang bewegt, den Raum durchquert und zwischen den Staubflocken am Boden, ihrem winzigen »Staubsofa«, ausruht. Für einen kurzen Moment kommt es zu einer jener unwahrscheinlichen Annäherungen zwischen den Lebenswelten von Mensch und Fliege. Denn wie sie da beide im gemeinsamen Wohnzimmer sitzen, die Fliege auf ihrem Staubsofa, die Dichterin ihre Füße ins heiße Wasserbad getaucht, erscheinen sie »einander in überraschender Weise ähnlich, nachdenklich, meditierend, vielleicht auch 1 wenig betrübt«. Die Fliege, so Mayröcker, »empfindet vermutlich wie ich, wenn ich mich kauere auf dem staubigen Lager, die Augen geschlossen, gedemütigt, ängstlich, in Panik auch, denn wir beide sie und ich wir leben in Panik«.

Zugleich bleibt das flüchtige Bild – »vielleicht auch nur Augentäuschung […] was weiß ich« – ein freundliches Gedankenspiel. Jede tatsächliche Verschmelzung von Menschen- und Fliegenkörper ergäbe ein groteskes und lächerliches Bild oder auch Schlimmeres – einen Anblick voller »Entsetzen und Graus«, wie E. T. A. Hoffmann ihn im Märchen vom »fremden Kind« beschrieben hat. Es erzählt die Geschichte der Kinder Felix und Christlieb von Brakel, die mit ihren Eltern ein stattliches Haus im Bauerndorf Brakelheim wohnen. Eines Tages steht der neue Hauslehrer vor der Tür, Magister Tinte, ein untersetzter Mann auf kleinen dünnen Spinnenbeinen, dabei kaum größer als die Kinder, mit dicken, braunroten Backen, breitem Mund, hervorstehenden Glasaugen und einer pechschwarzen Perücke. Nicht nur dass der neue Lehrer die Kinder zur Begrüßung mit einer in der Hand verborgenen Nadel sticht (»das ist nun einmal so meine Art«[51]), bald fällt er auch durch seine ungezügelte Naschhaftigkeit auf, schnuppert am Zuckerkasten, schlürft Milch aus einer Schale, verabscheut Blumen und wirft mit einem Stein nach einem singenden Zeisig, der daraufhin tot vom Baum fällt. »Sag mein Junge!«, fragt der Vater seinen Sohn eines Tages, »kann wohl ein Herr Magister eine Fliege sein?« Dass diese Möglichkeit besteht, ist dem Leser zu diesem Zeitpunkt längst zur Gewissheit geworden, denn bei dem vermeintlichen Hauslehrer handelt es sich um den Gnomenkönig Pepser, der nach seiner Verbannung aus dem Hofstaat der Königin »die schönen funkelnden Edelsteine des Palastes, die bunt schimmernden Blumen, die Rosen und Lilienbüsche, ja selbst den glänzenden Regenbogen mit einem ekelhaften schwarzen Saft zu überziehen wußte«, um sich schließlich als riesenhafte Fliege »mit blitzenden Augen und vorgestrecktem scharfen Rüssel« in »abscheulichem Summen und Brausen« auf den Thron der Königin zu schwingen.

Die Unheimlichkeit dieser Verwandlung kulminiert in einem Detail: Als die Kinder durch den Wald streifen und hinter sich ein Brummen und Schnarren vernehmen, erblicken sie den Hauslehrer, wie er dicht vor ihren Augen als dicke Fliege langsam und schwerfällig in die Luft aufsteigt – »und recht abscheulich war es, daß er dabei doch noch ein menschliches Gesicht, und sogar auch einige Kleidungsstücke behalten«.[52]

Die Rückkehr der Fliege *(1959). Gemeinsam mit dem Wissenschaftler gerät eine Fliege in das Teleportationsgerät und trägt fortan den Kopf des Wissenschaftlers.*

Abscheulich ist dieser Anblick, weil in ihm sich Animalisches und Menschliches zu gleichen Teilen mischen. Leicht hätte das Bild der halb bekleideten Fliege ins Lächerliche abgleiten können, aber Hoffmann hält es so sehr im Vagen, dass sich die Ungestalt der Menschenfliege in der Vorstellung des Lesers ganz entfalten kann: ein fleischliches Insekt, aus dessen Tierkörper den entsetzten Kindern Menschenaugen entgegenblicken.

Die Erfinder des Fliegenmenschen Philippe Delambre hingegen, der im 1959 veröffentlichten Remake des bereits erwähnten Filmklassikers *Die Fliege* das Schicksal seines Vaters André noch einmal erleiden muss, haben den Umschlag vom Horror ins Komische nicht verhindern können. Während Mensch und Fliege zu Beginn der Handlung noch getrennter Wege gehen und in ihren eigenen Biotopen zu Hause sind, entsteigen dem Teleportationsgerät zwei symmetrisch über kreuz verbundene

Und hier das symmetrische Gegenstück: der Kopf der Fliege auf dem Körper des Wissenschaftlers – physiognomisch unansehnlich, aber korrekt in Hemd und Anzug.

Wesen: die Fliege mit dem Miniaturkopf des Wissenschaftlers und ihr Gegenstück, der Wissenschaftler mit Fliegenkopf – physiognomisch unansehnlich, aber weiterhin korrekt gekleidet. Wo E. T. A. Hoffmann die Grenzen zwischen Menschen- und Fliegenorganismus bewusst unscharf lässt, operiert der Film mit einer klaren Zweiteilung: Auf dem Körper der Fliege sitzt dank Filmtrick ein funktionstüchtiger Menschenkopf, dessen collagenartig angestückte Existenz, statt Entsetzen auszulösen, eher einen Zug ins Komische hat.

Auch in moralischer Hinsicht setzt der Film auf klare Grenzen: Während der Menschenkörper mit Fliegenkopf mordend durch die Straßen zieht, bewahrt das Insekt mit dem Kopf Delambres die Erinnerung an seine Menschlichkeit und fleht von der Zimmerdecke herab mit piepsiger Fliegenstimme um den Beistand seiner Frau. Dass Menschen- und Fliegenorganismus sich im Film nicht wirklich mischen, sondern lediglich Versatzstücke untereinander tauschen, zeigt auch die Rückverwandlung der entzweiten Wesen am Ende des Films: Gemeinsam werden sie noch einmal durch den Teleportationsapparat geschleust und entsteigen dem Gerät rematerialisiert als Mensch und Fliege. Lediglich eine kurze Benommenheit beim Verlassen des Apparats erinnert den wiederhergestellten Wissenschaftler an seine kurze Hybridexistenz.

Als David Cronenberg den Stoff Mitte der Achtzigerjahre noch einmal verfilmte, blieb seiner Hauptfigur Seth Brundle dieses Happy End versagt – der Wissenschaftler endet als amorpher Fleischklumpen, den die Geliebte mit einem Schuss aus der Schrotflinte von seinem elenden Dasein erlöst. Bei Cronenberg bestimmt nicht länger das physikalische Instrumentarium mit seinen Elektroden, Transformatoren und Spannungsmessgeräten die Szene, sondern die computerisierte Laborwelt der Lebenswissenschaften. Anders als in den Vorgängerfilmen der Fünfzigerjahre ereignet sich die Verwandlung der Körper jetzt auch nicht mehr schlagartig und ohne Zwischenstufen, sondern setzt unmerklich und im verborgenen Inneren des Organismus ein. Erst der Computerbildschirm eröffnet dem entsetzten Helden, welches fremde »Sekundärelement« sich in seinen Molekülen eingenistet hat. Auf dem Bildschirm blinkt dazu der nüchterne Befund: »Sekundärelement ist nicht Brundle«, »Fusion von Brundle und Fliege auf molekulargenetischer Ebene«. An eine glückliche Rückverwandlung in Mensch und Fliege ist unter diesen Bedingungen nicht mehr zu denken. Die Fusion will nicht länger in »die binären Schemata passen, die von relativ fixen Identitäten auf beiden Seiten« ausgehen und dementsprechend auch wieder umgekehrt werden können.[53] Mit der Unheimlichkeit dieser Fusion haben sich auch alle Anklänge unfreiwilliger Komik verflüchtigt, Cronenberg setzt auf die Register des Ekels.

Hierher gehört auch das Motiv der Einverleibung. »Alle Welt hat panische Abscheu vor Fliegen oder Mücken, die in den Mund fliegen«, wunderte sich einmal Friedrich Kittler.[54] Vermutlich unbewusst spielt 1898 ein Werbeplakat für das von Musil beschriebene Fliegenpapier der Firma Tanglefoot mit diesem Thema. Es zeigt einen elegant gekleideten Herrn am gedeckten Esstisch. Wie die Visionen der Heiligen auf den Gnadenbildern der christlichen Kunst schwebt über dem Mann eine immaterielle Erscheinung: ein Erinnerungsbild an die vergangene Zeit, als es Tanglefoot noch nicht gab und das lästige Volk der Fliegen jede Mahlzeit zur Qual machte, indem sie den Essenden umschwirrten. Darunter entfaltet sich dank Tanglefoot ein Bild höchster Ordnung und Reinlichkeit: Am Tisch steht alles am rechten Platz, das appetitlich arrangierte Hähnchen wartet friedlich auf seinen Verzehr, Kaffeetasse und

Vereint in seltener Symmetrie – die Fliegen Australiens, 1805 zu Papier gebracht von dem britischen Zoologen und Illustrator Edward Donovan.

Zuckerdose stehen weiß und rein nebeneinander, und in dieser wohlgeordneten Welt wirkt selbst noch das zum Fliegenfang mit Rizinusöl, Harz und Wachs bestrichene Fliegenpapier neben dem Teller des Mannes wie eine Zierde.

Doch wie so oft, wenn ein allzu wohlfeiles Idyll zu zerbrechen droht, gerät auch hier die säuberliche Trennung von Reinlichkeit und Schmutz bei näherem Hinsehen aus dem Gleichgewicht. Wie Roland Barthes es für die didaktischen, um größtmögliche Eindeutigkeit bemühten Illustrationen der Diderot'schen Encyclopédie beschrieben hat, so ist auch hier »die friedliche Ordnung der Welt zu Gunsten einer gewissen Gewalt erschüttert«.[55] Schon die Gabel mit dem dicken Stück aufgespießten Hühnchenfleischs will nicht recht zur vermeintlichen Sanftmut des Essers passen. Der »Didaktismus«, schreibt Barthes, »bringt eine Art entfesselten Surrealismus hervor«.[56] So kippt auch die Nähe von Teller und Fliegenpapier ins Unheimliche. Der Zeigefinger der linken Hand deutet bereits verheißungsvoll auf das noch unbenutzte Messer zwischen Hühnchenfleisch und Fliegengedeck: Wer könnte mit Sicherheit sagen, dass dieser Fleischesser nach beendetem Hauptgang nicht auch von den frisch gefangenen Fliegen kosten wird?

Die bisher beschriebenen Texte und Bilder zeigen das Verhältnis des Menschen zur Fliege in diversen Konstellationen: als Zurückweisung und Verdammung (Brehm, Hanold, Eugenios von Palermo), als Fremdheitserfahrung (Musil), im Zeichen der Empathie (Uexküll, Haug, Mayröcker) und zuletzt als physische Verschmelzung (E. T. A. Hoffmann, Cronenberg) oder imaginäre Einverleibung (»Tanglefoot«). Eine weitere Spielart der Zweierbeziehung von Mensch und Fliege ist die Inversion, die spiegelbildliche Vertauschung von Menschen- und Fliegenwelt – ohne dass es dabei zu einer Berührung beider Sphären käme. Sie ereignet sich in Christian Morgensterns Gedicht *Auf dem Fliegenplaneten* in einer Parallelwelt, in der die Fliegen das Sagen haben und der Mensch zum galaktischen Insekt herabgesunken ist:

Auf dem Fliegenplaneten,
da geht es dem Menschen nicht gut:
Denn was er hier der Fliege,
die Fliege dort ihm tut.

An Bändern voll Honig kleben
die Menschen dort allesamt,
und andre sind zum Verleben
in süßliches Bier verdammt.

In Einem nur scheinen die Fliegen
dem Menschen vorauszustehn:
Man bäckt uns nicht in Semmeln,
noch trinkt man uns aus Versehn.[57]

Auf Morgensterns Fliegenplaneten sind die Rollen symmetrisch verkehrt. Die Fliegen installieren Menschenfallen, die Menschen verenden darin oder stürzen in riesenhafte Biergläser herab. Wie Uexkülls imaginäre Streifzüge durch die Umwelt der Fliege bewirkt auch dieses Gedankenspiel eine Desorientierung der gewohnten Menschenperspektive. Anders als bei Uexküll ist die Welt der Fliege hier aber keine dem Menschen gänzlich unvertraute Welt, sondern die genaue Umkehrung der ihm vertrauten. Die eigentliche Pointe aber ist die Abweichung von dieser Symmetrie: Im Universum Morgensterns geht die höhere Intelligenz von den Fliegen aus. Während die im Vergleich ein wenig tölpelhaft erscheinenden Erdbewohner aus Versehen Fliegen verschlucken, ist man auf dem Fliegenplaneten ungleich besser organisiert: Vermischungen kommen nicht vor. Das Verhältnis von Insekt und Mensch, Herr und Knecht schließt jede Form der Einverleibung aus.

Fliegen-Desaster

Beim Betreten der Plattform des 360-Grad-Rundbildes *Die große Flotte 1791 auf der Reede von Spithead* am Londoner Leicester Square soll die Prinzessin Charlotte Auguste von Großbritannien am 1. Mai 1794 seekrank geworden sein. Der Wirklichkeitseindruck des Gemäldes sei so stark gewesen, heißt es, dass die Prinzessin nicht länger zwischen Kunst und Wirklichkeit zu unterscheiden vermochte und angesichts der gemalten Seekulisse dieselben Symptome entwickelte, die auch ein Aufenthalt an Bord eines Schiffes verursacht hätte.[58] Eine ähnliche Szene soll sich im Januar 1832 in der Pariser Rue des Marais-du-Temple ereignet haben, als der Anblick des Panoramabildes der Seeschlacht von Navarino bei einer Besucherin einen hysterischen Anfall auslöste. Die Geschichte des Panoramas kennt aber nicht nur Fälle der physischen Überwältigung von Frauen, auch »zartnervige Stutzer« sollen der Illusion des Panoramas erlegen sein: In Innsbruck ist angeblich ein Bauer in Südtiroler Tracht über das Geländer des Panoramas der Unabhängigkeitsschlacht von 1809 gestiegen, um mit seinem Hut ein aus Stanniolpapier simuliertes Feuer zu löschen, und überliefert wird auch die Täuschung eines Hundes, »der das gemalte Wasser in einer Rotunde für echt hielt und hineinsprang«.[59] Dass die Vorkommnisse auf der Betrachterplattform sich in der beschriebenen Form zugetragen haben, kann bezweifelt werden – zu sehr erinnern die Berichte an die Gerüchte und Mythen, die das Auftreten eines neuen Mediums grundsätzlich begleiten. Dass die Berichte übertreiben und sich in veränderter Gestalt wiederholen, macht sie dennoch nicht bedeutungslos. Im Fall des Panoramas verarbeiten sie – wie verzerrt und formelhaft auch immer – das Erscheinen einer neuen Form der Mimesis, eines Willens zur Wirklichkeit, der den Besuchern die Illusion vermitteln sollte, sich am Schauplatz des Dargestellten selbst zu befinden.

1778 hatte sich der englische Maler Robert Barker seine Erfindung des Panoramas patentieren lassen. Nachdem man an der Kasse ein Billett gelöst und eine im Halbdunkel liegende Treppe hinaufgestiegen war, sah man sich auf der Besucherplattform von der riesigen, durch gefiltertes Tageslicht erhellten Leinwand umgeben. Zur Steigerung der Illusion wurde zwischen Besucherplattform und Leinwand ein *faux terrain* installiert, eine plastisch gestaltete Zone, in der man Erdhügel, Pflanzen und reale Gegenstände platzierte, um den Übergang von der Welt der wirklichen Dinge in den Illusionsraum der Malerei so kontinuierlich wie möglich zu gestalten.

Wozu nun aber – in einem Buch über Fliegen – diese Abschweifung in die Mediengeschichte des 19. Jahrhunderts? Tatsächlich ist in der Geschichte des Panoramas von Fliegen lange Zeit keine Rede. Zweifellos hat sich in London oder Wien, Berlin oder Paris die eine oder andere Fliege in das Innere eines Panoramagebäudes verirrt – angelockt vielleicht durch den Duft eines modrigen Holzgeländers im *faux terrain* oder eines angenagten, auf der Besucherplattform zurückgelassenen Apfelgehäuses –, aber keine Chronik hätte je das Erscheinen einer Fliege im Inneren eines Panoramas verzeichnet. Das änderte

Joris Hoefnagel, Stubenfliege, Silberblättriges Heiligenkraut und Garten-Mondviole, Mira calligraphiae monumenta, *1561–1562.*

sich mit den Lebenserinnerungen des Berliner Historienmalers Anton von Werner. Dieser kannte nicht nur die Herausforderungen, die das Panorama an »Wahrheitsliebe und Ehrlichkeit« des Malers stellte, er wusste auch, wie fragil die dabei erreichten Illusionseffekte waren und wie rasch der täuschende Schein der Wirklichkeit entzaubert werden konnte – es genügte »eine Fliege, die auf der hell gemalten Luft kriecht«.[60]

Eine Fliege: Inbegriff des Kleinen, Nebensächlichen und Bedeutungslosen, in dieser Kleinheit aber auch Urheberin maximaler Störungen. Von Werner wusste, wovon er sprach. Sein

Rundbild der Schlacht von Sedan, die im September 1870 das Ende des Deutsch-Französischen Krieges besiegelt hatte, gehörte zu den erfolgreichsten Produktionen in der Geschichte des Panoramas. Ein Stab von 14 Malern war an seiner Ausarbeitung beteiligt, vor Beginn der Arbeiten hatte von Werner in den Ardennen die Originalschauplätze der Schlacht inspiziert, Augenzeugen befragt und schließlich an einem Manöver der 1. Garde-Infanterie-Division teilgenommen, um die Ausdehnung des Pulverdampfs der Geschütze aus unterschiedlichen Entfernungen zu studieren. Durch künstliche Beleuchtung ließ sich der Besuch des Panoramas bis in die späten Abendstunden ausdehnen, ein Rotationsmechanismus bewegte die Plattform mit den dreihundert Besuchern langsam an der Leinwand entlang, und zur äußersten Verfeinerung des Illusionismus hatte von Werner die Glanzlichter auf Bajonetten, Helmen und Blasinstrumenten aus Stanniol modellieren lassen.[61] Dieser gesamte, Personen und Dinge umfassende Zusammenhang, ein Unternehmen, das eine Million Goldmark gekostet und von Werner am Tag der Eröffnung die »vollste Anerkennung« durch den Kaiser eingetragen hatte – das alles also konnte mit dem Erscheinen einer einzigen Stubenfliege kollabieren. Von Werner imaginiert die Fliege irgendwo »auf der hell gemalten Luft«. Tatsächlich wäre die Präsenz einer Fliege im Dickicht des *faux terrain* mit seinen aufgeschütteten Erdhügeln und Grasbüscheln nicht weiter ins Gewicht gefallen. Wo sich im Panorama aber die Illusion einer bis in weite Ferne sich erstreckenden Landschaft einstellen sollte, über deren Horizont sich ein lichter, in alle Richtungen scheinbar endlos ausdehnender Himmel wölbte, hätte der Anblick einer diese Unermesslichkeit durchkreuzenden Fliege den Blick auf der Stelle in die profane Zweidimensionalität einer bemalten Leinwand zurückgeholt. »Da diese Fliege«, so kommentiert Dolf Sternberger, »durch den Maler nicht verhindert werden kann, sich auf die gemalte Luft zu setzen, so könnte man hiernach das ganze Unternehmen für hoffnungslos halten. Für Werner folgt aber daraus im Gegenteil, daß man nur um so hartnäckiger an dem Prinzip der höchsten Genauigkeit in der Herstellung oder Abbildung all jener Baumblätter und Dachziegel festhalten muß, denn nur dadurch, daß der Beschauer hier keine Lücken oder Unbestimmtheiten zu entdecken vermag, kann der Maler der Desillusionierung durch die Fliege Widerpart zu leisten hoffen.«[62]

Von Werners Utopie eines makellosen Realismus wäre demnach auch ein Kampf gegen die illusionszersetzende Kraft der Fliegen. Zurecht erinnert Sternberger daran, dass ihre Intervention oftmals »nicht verhindert werden kann«. Tatsächlich lassen Fliegen sich weder herbeirufen noch einfach verscheuchen: Sie sind ohnehin bereits da und agieren aus der Latenz ihrer unsichtbaren Anwesenheit heraus – im verborgenen Inneren einer Fotokamera, im Labor des Wissenschaftlers, wo sie unbemerkt im technischen Gerät hocken, auf einem Stück Himmel im Illusionsszenario des Panoramas. Insofern ähneln die Fliegen den Parasiten, deren Wirkungsweise Michel Serres (freilich nicht in diffamierender Absicht, sondern voller Anerkennung) beschrieben hat. »Der Parasit hat sich an den günstigsten Orten niedergelassen, im Schnittpunkt der Beziehungen«,[63] dort, wo von unscheinbarer Stelle aus die gesamte Ordnung tangiert wird. Gemessen an der Winzigkeit der Fliegen sind die Folgen ihres Intervenierens unverhältnismäßig

Blatt mit 38 geflügelten Insekten (Fliegen, Bienen, Hummeln, Wespen), Tuschzeichnung des flämischen Gelehrten Anselmus de Boodt (Boëtius), 1596–1610.

groß: als überdauernde Spur auf einer historischen Fotografie, als trauriges Ende einer Wissenschaftlerexistenz, als Zusammenbruch eines illusionistischen Spektakels.

Diese Eigenschaft – verheerende Wirkung bei gleichzeitiger Unscheinbarkeit des Auslösers – teilen die Fliegen mit manchen Objekten, die aufgrund ihrer Kleinheit der Kontrolle durch den Menschen entgehen. »Achten Sie einmal darauf«, notiert Vladimir Nabokov, »mit welchem Vergnügen und wie geschickt selbst die kleinsten Dinge danach streben, dem Menschen unbemerkt zu entwischen, und wie sehr es sie zum Selbstmord drängt. Wie das verlorene Kleingeld mit der Eile eines verzweifelt Fliehenden einen weiten Bogen beschreibt, um sich in der entferntesten Ecke des entlegensten Sofas zu verstecken.«[64] In seinem Roman *Auch einer* von 1879 entwirft Friedrich Theodor Vischer ein ganzes Klassifikationssystem der widerständigen Objekte. In der Klasse B (»Äußere Teufel«), Untergruppe b) (»Artefakte«) rangieren unter anderem: »Zündhölzchen, Kerzen. Lampen. Münzen. Stiefelknechte. Schnüre. Bändel. Beinkleider. Hosenträger. Knöpfe. Knopflöcher. Rockhängeschleife. Hut. Armlöcher. Schuhe. Stiefel. Galoschen. Messer. Gabel. Löffel. Teller. Schüssel mit Suppe und anderm. Papier. Tinte.« – »[...] haben Sie denn auch nur schon beobachtet, wie das fallende Papierblatt uns verhöhnt? Sind sie nicht wahrhaft graziös, die Spottbewegungen, womit es hin und her flattert? Sagt nicht jeder Zug mit blasiert eleganter Frivolität: doch noch gewonnen!?«[65] Anders jedoch als das »von jemandem angefertigte Ding«, das irgendwann doch unweigerlich zum Stillstand kommen muss und »nicht aus Eigenem« existiert,[66] besitzt die Fliege ein irritierendes Eigenleben, verändert beständig ihre Position und maximiert dadurch ihr Störungspotenzial.

Im Kurzfilm *Die Fliege* (2014) des britischen Regisseurs Olly Williams löst das titelgebende Insekt auf diese Weise in wenigen Minuten ein Maximum an Zerstörung aus. Zu Beginn des Films sitzt sie regungslos an der Windschutzscheibe eines Fluchtautos, das mit laufendem Motor vor einer Bankfiliale hält. Der Versuch des Fahrers, sie durch Betätigen des Scheibenwischers zu töten, misslingt. Aus dem Inneren der Bank dringen von Zeit zu Zeit Schüsse und Schreie dumpf auf die menschenleere Straße hinaus. Der in zunehmender Anspannung am Steuer sitzende Fahrer wird mehr und mehr vom Summen und Krabbeln der Fliege in Anspruch genommen, die mittlerweile ins Innere des Wagens gelangt ist. Im Bannkreis der Fliege steigert sich die Nervosität allmählich zu schierer Panik. Als die Fliege sich auch durch Anlockversuche und Hiebe auf Rückspiegel und Lenkrad nicht vertreiben lässt, verliert der Mann die Fassung. Vor Verzweiflung aufheulend verlässt er den Wagen und beginnt die Fliege, die mittlerweile wieder ins Freie gelangt ist und sich seelenruhig an wechselnden Stellen der Karosserie niederlässt, mit Schüssen aus seiner Pumpgun zu jagen. Am Ende ist die Fliege in der Tiefe der Straßenflucht verschwunden und lässt ein Bild der Verwüstung zurück: den blutenden Fahrer, das zerschossene Fluchtfahrzeug, die fassungslos auf das Szenario starrenden Komplizen nach Verlassen der Bankfiliale. Das langsame Anschwellen von Polizeisirenen besiegelt das endgültige Scheitern des Unternehmens. Williams stellt das Verhalten von Mensch und Fliege in klaren Schnitten gegeneinander: Der bis zur Fassungslosigkeit gesteigerten

Verzweiflung des Mannes korrespondiert die gleichbleibende Ruhe der Fliege, die im Verlauf der Handlung im Übrigen auch gar nichts Besonderes tut. Aus ihrer Sicht wird es, von einigen ungewöhnlich lauten Geräuschen abgesehen, vermutlich ein Tag wie jeder andere gewesen sein.

Ein Making-of zu *The Fly* gibt es nicht. Man ahnt jedoch, dass die Fliege am Filmset auch jenseits der filmischen Fiktion für Unruhe gesorgt haben muss. Im Unterschied zu den Schauspielern sind Fliegen für die Anweisungen des Regisseurs taub. Ein lakonischer Hinweis im Abspann des Films deutet darauf hin: »Im Laufe der Dreharbeiten erlitten einige Fliegen Schaden«. Demnach verbergen sich hinter der *einen* Hauptdarstellerin des Films tatsächlich *eine Vielzahl* widerspenstiger Fliegen. Die Firma Blades Biological Ltd, für deren Unterstützung Williams sich im Abspann des Films bedankt, verschickt lebende Fliegen in Packungen zu jeweils hundert Exemplaren.[67]

Vereinzelte Fliege, maximale Verheerung – in der Imagination eines Dichters vermag diese Formel die gesamte Schöpfungsgeschichte zu kontaminieren: In seiner Umdeutung der Genesis schildert Mark Twain das biblische Geschehen aus der eigenwilligen Perspektive des Teufels. Dieser – von Gott aufgrund seiner sarkastischen Kommentare zur Schöpfung auf die Erde verbannt – berichtet den im Himmel verbliebenen Erzengeln Gabriel und Michael in einer Folge von Briefen vom kläglichen Scheitern der göttlichen Experimente. Im zweiten Brief ist von einer Kolonne vorzeitlicher Ungeheuer die Rede, die sich angesichts der drohenden Überflutung der Erde auf den Weg gemacht hat, um sich Zutritt zur Arche Noahs zu verschaffen. »Noah wurde klar, dass er verschwinden musste,

Die Fliegenplage *(um 1460): Auf die Verwandlung des Wassers in Blut, die Plage durch Frösche und Mücken lässt Gott die Stechfliegen folgen.*

bevor die Monster ankamen. Er hätte sofort loslegen können, aber die Polsterer und Dekorateure für das Empfangszimmer der Stubenfliege waren noch nicht ganz fertig, und das kostete ihn einen Tag.«[68] Endlich setzt sich die desolate, bis zum Rand mit Passagieren gefüllte Arche in Bewegung, aber schon bald wird die Fliege zum Anlass einer weiteren und diesmal noch schwerwiegenderen Verzögerung: »Am dritten Tag gegen Mittag wurde festgestellt, dass eine Fliege zurückgelassen worden war. Die Rückreise stellte sich als lang und schwierig heraus, da es ja keine Seekarte und keinen Kompass gab und keine der Küsten mehr aussah wie vorher, denn das stetig steigende Wasser hatte einige der niedrigen Orientierungspunke überflutet und den höheren einen fremdartigen Anblick verliehen. Doch nach sechzehn Tagen emsiger und gründlicher Suche wurde die Fliege schließlich wiedergefunden und an Bord mit Hymnen des Lobs und [...] Dankbarkeit empfangen«.[69]

Twains alternativer Schöpfungsbericht gehört zu den Texten, in denen die Fliege nicht als unvorhersehbare Störung in Erscheinung tritt, sondern als Gast und willkommenes Mitglied einer Gemeinschaft. Die Funktion der Fliege im göttlichen Schöpfungsplan folgt schließlich einer exakt choreografierten, fatalen Dramaturgie: »Zufälle gibt es nicht. Alles, was geschieht, geschieht zu einem bestimmten Zweck. [...] Und so wurde, durch die Vorherbestimmung seit dem Anfang der Zeit, diese Fliege zurückgelassen, um sich eine vom Typhus befallene Leiche zu suchen du sich an deren Fäulnis zu laben und ihre Beine mit den Erregern zu beschmieren und sie in die neu bevölkerte Erde zu tragen, damit sie dort für immer ihre Arbeit verrichteten. Von dieser einen Stubenfliege wurden in den seither verstrichenen Epochen Milliarden von Krankenbetten gefüllt, Milliarden von zerrütteten Körpern wankend über die Erde geschickt, Milliarden von Friedhöfen mit Toten bestückt.«[70] Die erneute Heimsuchung der vor den Fluten geretteten Menschheit war also von Anfang an geplant, und Gott bediente sich zur Verwirklichung dieses Plans einer Fliege. Twain treibt die Ökonomie der Verheerung ins Groteske: eine einzige Fliege – Milliarden versehrter Erdbewohner. So wie in der Genesis die gesamte Menschheit aus Adam hervorging, wird bei Twain eine einzelne Fliege zur Auslöserin einer unermesslichen Folge von Opfern.

Aus theologischer Sicht wirft Twains literarischer Einfall ein Problem auf, das bereits Augustinus beschäftigt hatte: Kommt als Schöpfer der nichtswürdigen Fliegen tatsächlich Gott infrage? In seinen *Vorträgen über das Johannes-Evangelium* berichtet der Kirchenvater von einem Gläubigen, den eine tiefe Abneigung gegen die Fliegen umtreibt. »Ein Manichäer fand ihn in seinem Ärger, und als er sagte, er könne die Fliegen nicht leiden und hasse sie sehr, da fragte der Manichäer sogleich: Wer hat sie gemacht?« Der Befragte gerät in Verlegenheit, denn als gottesehrfürchtiger Mensch wagt er nicht zu sagen, Gott habe die hassenswerten Fliegen geschaffen. Also antwortet er, die Fliegen seien zweifellos ein Werk des Teufels. Damit aber ist der gläubige Mann unversehens in die Falle des Manichäers gegangen, denn dieser fragt nun listig weiter, wer denn die Bienen geschaffen habe, die doch nur ein wenig größer seien als die Fliegen. Um sich nicht in Widersprüche zu verwickeln, gibt der Gläubige zur Antwort, auch die Bienen seien nicht von Gott gemacht. So geht es mit dem Fragen unaufhörlich weiter: von den Bienen zur Heuschrecke, von der Heuschrecke zur Eidechse, zum Vogel, zum Schaf, zum Rind, schließlich zum Elefanten. Zuletzt findet sich der Befragte gemeinsam mit den Fliegen und allen anderen Tieren aus der göttlichen Schöpfung ausgeschlossen und zur blasphemischen Aussage gezwungen, auch der Mensch sei nicht von Gott gemacht. »So ist jener Bedauernswerte, da ihm die Fliegen zuwider waren, selbst eine Fliege geworden, die der Teufel in Besitz nahm. Beelzebub soll ja ›Fliegenfürst‹ bedeuten«.[71] Twain hat seiner Erzählung solche Verstrickungen von Anfang an zugrunde gelegt, denn von der verunglückten Schöpfungsgeschichte erfahren wir aus dem Munde des Fliegenfürsten persönlich.

Kehren wir aber abschließend noch einmal zum Hauptmotiv dieses Kapitels zurück – der Winzigkeit der Fliege und ihrem

Adriaen van Nieulandt, Vanitas-Stilleben, *1636. Es gehört zu den Kränkungen des Menschen, von Insekten überlebt zu werden.*

überproportionalen Potenzial zur Verheerung. Diesen Effekt bewirkt die Fliege auch auf dem Körper des Menschen. Mit ihrer Winzigkeit ist hier – zumindest im Reich der Imagination – einmal mehr der Eindruck einer maximalen Irritation verbunden, die diesmal jedoch kein künstlerisches Artefakt, sondern die körperliche Integrität des Subjekts selbst betrifft.

»Für diese Lebewesen«, schreibt Friedrich Kittler, »bedeutet meine Haut offensichtlich die Oberfläche einer ganzen Welt; auf mir herumkriechend thematisieren sie (wenn ich ihnen mit dem Blick folge) jede kleine Falte, jede Pore und jedes Härchen. [...] – Die kleinen Tiere, indem sie auf meiner Haut herumkriechen, verhalten sich zu mir wie die Geographen meiner selbst.«[72] Die Fliegen, so die bemerkenswerte Formulierung Kittlers, »thematisieren« den Menschen. Mit ihrem Erscheinen auf der Körperoberfläche wird dieser sich selbst zum Gegenstand. Indem er ihnen zuschaut, wie sie krabbelnd seinen Leib erforschen, wird er sich selbst zum Fremdkörper – ein Ding, das dem eigenen Ich schon nicht mehr vollständig gehört. Schließlich nimmt die Selbstentfremdung Züge des Unheimlichen an. »Ungehindert kann die Fliege nur auf einem toten Leib herumkriechen. Ihn exploriert sie als ein empfindungsloses, d.h. ansichseiendes Ding.« Wenn dem Wesen der Fliegen erst der tote, reaktions- und bewegungsunfähige Menschenkörper ganz entspricht, dann bedeutet das im Umkehrschluss, »dass jeder, auch der lebendige Leib, auf dem ein kleines Tier herumkriecht, schon als *toter* gesetzt ist«. Die Fliege auf der Haut bewirkt die vorgezogene Erfahrung des Todes. Sie kündigt an, dass sie wieder kommen wird, wenn der Körper endlich zu verfallen beginnt. »Der Leib meldet mir die Ankunft solcher kleinen Tiere nicht oder nur ganz schwach. Sie sind also schon da, wenn mein Auge oder Tastsinn sie endlich bemerkt. Ich komme auf ihre Ankunft zurück, wenn es schon zu spät ist und sie – denn warum sonst sollten sie so heimlich kommen? – ihr schädliches Werk an mir schon vollbracht haben.«[73]

Kurz nach dem Ausbruch des Ersten Weltkriegs notiert Robert Musil in sein Tagebuch: »Ende Juli. Eine Fliege stirbt: Weltkrieg.« Abermals irritiert das Nebeneinander von Winzigem (Fliege) und Monströsem (Weltkrieg), die einander auf engstem Raum in einem Satz begegnen. Mehr noch: Musil setzt zwischen Fliege und Weltkrieg einen Doppelpunkt, als gehe das eine unmittelbar aus dem anderen hervor, als zeige sich im einen zugleich auch das andere: Die Weltgeschichte artikuliert sich als Insekt. »Das Grammophon hat sich schon durch viele Abendstunden gearbeitet. Rosa wir fahrn Lodz, Lodz, Lodz. Und: Komm in meine Liebeslaube. Dazwischen manchmal tschechische Volkslieder und Slezak oder Caruso. In den Köpfen wolkt Traurigkeit und Tanz.« Der Beschreibung der Musik schließt sich ein Bild an – ein Stillleben mit Fliege und Rosen: »Von einem der vielen langen Fliegenpapiere, die von der Decke herabhängen, ist eine Fliege heruntergefallen. Sie liegt am Rücken. In einem Lichtfleck am Wachstuch. Neben einem hohen Glas mit kleinen Rosen.« Im Lichtkreis der Lampe wird der Tisch mit dem Wachstuch zur häuslichen Bühne, auf der die Fliege ihren letzten, einsamen Auftritt hat. »Sie macht Anstrengungen sich aufzurichten. Ihre sechs Beinchen legen sich manchmal spitz zusammengefaltet in die Höhe. Sie wird schwächer. Stirbt ganz einsam. Eine andre Fliege läuft hin und wieder weg.«[74] Im Hin und Her der zweiten Fliege ahnt man etwas von Hilflosigkeit, vielleicht auch Beklommenheit oder Panik – der Weltkrieg als Fliegendramolett.

Petrus Christus, Portrait eines Kartäusers, *1446. Im Original erscheint die Fliege als einziges Detail in Lebensgröße – als sei die Größe des Insekts hier das Maß der Dinge.*

Bildnisse

Auf dem *Portrait eines Kartäusers*, einem Werk des flämischen Malers Petrus Christus aus dem Jahr 1446, erblickt man außer dem titelgebenden Mönch am unteren Bildrand auch eine Fliege. Sie erscheint dort auf einem gemalten Rahmen – nicht, wie in Gemälden dieser Zeit meist üblich, von oben gesehen, sondern im Profil und mit dicht am Körper anliegenden Flügeln. Auf den ersten Blick könnte man sie für einen Käfer halten. Die winzigen Beine sind gerade noch zu erahnen, und während uns der Blick des Mönchs aus dem Bild heraus direkt adressiert, hält die Fliege sich im Abseits dieses Blickwechsels und geht am unteren Rand des Bildes ihrer eigenen Wege. Sie achtet nicht auf den Ordensbruder, nicht auf unsere Gegenwart vor dem Bild, nicht auf den Lichtschein, der einen Teil des Hintergrundes rötlich-braun hervortreten lässt. Diese Weltvergessenheit der Fliege entspricht ihrer Einsamkeit im Bild: Sie befindet sich an der Schwelle zum eigentlichen Motiv als »Grenzwächter«[75] in einer imaginären Zone, die weder dem Bildraum des Mönchs noch unserem Standort vor dem Bild angehört. Die Fliege teilt ihren Aufenthaltsort einzig mit dem gemalten Rahmen und seiner Inschrift, über der sie sich – entgegen der Leserichtung – von rechts nach links fortbewegt: »Petrus XPI me fecit A 1446« (»Petrus Christophori hat mich im Jahre 1446 gemacht«). Spricht hier – neben dem Bildnis des Mönchs, das offenbar mühelos »ich« sagen kann – auch die Fliege? »Petrus

Christus hat (auch) mich, das Insekt, gemacht«? Daniel Arasse hat die Präsenz der Fliege im Bild jedenfalls in diesem Sinne gedeutet: Demnach erscheint sie nicht allein als symbolisches *memento mori*, wie es dem christlichen Kontext des Gemäldes entspricht, sondern zudem als eine zweite, verdinglichte Signatur des Malers, Verkörperung seiner Kunstfertigkeit: »sie signiert das Können eines Künstlers, der besonders an den Problemen der geometrischen Perspektive interessiert war«.[76]

Tatsächlich wurden die Fliegen der Kunstgeschichte immer wieder als herausragende Beispiele der Kunst des *trompe l'œil*, der Augentäuschung, angeführt. Hintergrund dieser Überlegungen ist eine von Filarete in seinem *Trattato di Architettura* von 1460 beschriebene Anekdote, die später vor allem durch ihre Wiederaufnahme in Giorgio Vasaris Lebensbeschreibungen der Künstler Italiens Berühmtheit erlangt hat: »Man sagt auch, Giotto habe zur Zeit, in welcher er noch ein Knabe bei Cimabue war, einer Figur seines Meisters eine Fliege so natürlich auf die Nase gemalt, daß Cimabue, als er sich bei seiner Rückkehr wieder an die Arbeit setzte, sie als eine wirkliche Fliege mehrmals mit der Hand fortscheuchen wollte, ehe er des Irrtums inne ward.«[77]

Auch wenn es sich hier um einen Topos der Kunstliteratur handelt und man, so Arasse, »sicher sein kann, dass Giotto niemals eine solche Fliege gemalt hat«,[78] verfehlt die Legende ihre Wirkung nicht. Sie erzählt von der Begabung eines Malers, der seinen Lehrer schon in jungen Jahren an Kunstfertigkeit übertrifft und dessen Können sich darin äußert, dass er ein gemaltes Objekt »auf den Betrachter zukommen läßt«, als sei es wirklich und »träte aus der Fläche der Leinwand heraus«.[79] Giottos Anekdote ist auch darin mustergültig, dass sie es nicht bei der Täuschung des Auges belässt, sondern an ihr Ende die *Aufhebung* der Täuschung setzt: Cimabue erkennt seinen Irrtum und muss die Überlegenheit seines Schülers anerkennen. Schließlich hat das *trompe l'œil* »nicht die Täuschung zum letzten Ziel, sondern die Überwindung der Täuschung, die *Des*illusionisierung des Betrachters. Daß er sich hat täuschen lassen, nun aber erkennt, daß der Gegenstand in seiner Präsenz eine Hervorbringung der Malerei ist, zu diesem Zweck ist das *trompe l'œil* veranstaltet.«[80] Erst wenn die Täuschung als solche erkannt ist und die Malerei sich als Menschenwerk offenbart, wird die Fliege zum Zeugnis für die Meisterschaft ihres Urhebers.

Das gilt auch für das Bildnis der »geborenen Hofnerin« eines unbekannten Malers in der Londoner National Gallery (Abb. S. 88). Angesichts der Reinlichkeit der weißen Haube, der Akkuratesse, mit welcher der Schleier sich in geordneten Falten über die Schulter der Dargestellten legt, ihrer hellen Haut und der schlanken, filigranen Hände erscheint die dunkle, auf dem Schleier der Frau sitzende Fliege als Fremdkörper. Der Wirkungsweise des *trompe l'œil* entsprechend kann man sie abwechselnd *im* Bild und *auf* dem Bild sehen, als Fliege, die in das Gemach der Dargestellten eingedrungen ist und sich dort am Leinenstoff ihrer Haube zu schaffen macht, oder als Beiwerk des Bildes, einen ungebetenen Gast, der sich auf der bemalten Leinwand niedergelassen hat und dazu reizt, ihn – wie Cimabue in der Anekdote Vasaris – von der Leinwand zu verscheuchen.

Zahlreiche Maler haben den illusionistischen Effekt der *trompe-l'œil*-Fliegen zu einer Befragung des Wirklichkeitsgrad der Malerei genutzt und dabei eine bewusste Verwirrung über

Geborne Hofnerin, *Schwäbischer Meister. Die Reinheit des Stoffs, der sich akkurat in Falten legt – die Fliege durchreuzt diese Makellosigkeit.*

die Größenverhältnisse des Dargestellten erzeugt. In seinem *Bildnis der heiligen Katharina von Alexandrien* (Abb. S. 90) positioniert Carlo Crivelli (oder einer seiner Schüler) zur Rechten der Märtyrin eine Fliege. Sie neigt sich der Nische mit der Heiligen zu, und auch diese wendet Kopf und Blick in Richtung des Insekts. In welcher Sphäre genau soll man sich diese Fliege aber denken? Gemessen an der grazilen Frauengestalt ist sie von monströser Gestalt: Flöge sie unversehens in das Innere der Nische hinein, erschiene sie dort so groß wie eine Hand der Heiligen, ihre Nase oder ihre Stirn. Demnach soll man sich die Fliege nicht *innerhalb* des Illusionsraums der Malerei vorstellen, sondern *auf* diesem sitzend – als ein die Leinwand betastendes Insekt. Der Maler verstrickt uns in »ein doppeltes System der Repräsentation«,[81] das dem illusionistischen Tiefenraum der Malerei einen zusätzlichen Illusionsraum vorlagert – denjenigen der flachen Leinwand selbst, auf den die Fliege ihren Schatten fallen lässt. Aber auch dieses »doppelte System« geht nicht restlos auf: Blickt man auf den plastisch über den Rand der Nische herausragenden Fuß der Heiligen – ein zweites *trompe l'œil* – zieht sich die Fliege in der Vorstellung unversehens hinter diese Bildebene zurück und erscheint nun wieder zurückversetzt *ins Bild.* Es gelingt nicht, die verschiedenen Bildebenen in der Imagination zur Deckung bringen. Die malerische Dekonstruktion des Bildraums ist eben nicht erst seit den Bilderfindungen der Moderne am Werk. Was Michel Foucault am Beispiel der dementierten Pfeife auf René Magrittes *La trahison des images* entwickelt, lässt sich auch über die Fliege auf dem Gemälde Crivellis sagen: »Das Ungewöhnliche ihrer Proportionen macht ihre Lokalisierung ungewiß«.[82]

Carlo Crivelli (zugeschrieben), Bildnis der heiligen Katharina von Alexandrien. *Ist die Fliege gemeinsam mit der Heiligen* im *Bild? Oder sitzt sie* auf *dem Bild?*

Carlo Crivelli, Madonna mit Kind*, um 1480. Die Fliege – beinahe so groß wie der Distelfink in der Hand des Erlösers.*

Auch in seiner *Madonna mit Kind* (um 1480) hat Crivelli das Fliegenparadox in Szene gesetzt (Abb. S. 91): Neigt sich der Christusknabe einer überdimensionierten Fliege auf dem Mauergesims zu? Oder wendet er sich *im* Bild zugleich aus diesem *heraus* – hin zur flachen Leinwand, auf der sich eine gemalte Fliege niedergelassen hat. Deutlicher als im Bild der heiligen Katharina scheinen Figuren und Fliege sich hier jedoch in einem gemeinsamen Bildraum zu befinden. Der Christusknabe hält einen Distelfink eng an seinen Körper gedrückt, wie um ihn vor dem Näherkommen der monströsen Fliege zu bewahren, in deren Richtung er seinen Kopf wendet. Aufgrund seiner Vorliebe für die stacheligen Distelpflanzen gilt der Distelfink (oder Stieglitz) in der christlichen Ikonografie als Symbol für den Leidensweg und den Opfertod Christi. In Gestalt des Vogels, dessen ausgestreckte Flügel die Form des Kreuzes präfigurieren, hält der Christusknabe das Zeichen seines kommenden Todes in der Hand. Die Fliege hingegen ist in der christlichen Bildsprache das »Symbol des Unreinen, Verdorbenen, Faulenden und damit das Symbol der Sünde und des Todes schlechthin«.[83] Über diese ikonografische Konvention hinaus eröffnet Crivelli hier aber auch einen aberwitzigen Dialog: zwischen Christus und der überdimensionierten Fliege, zwischen einem Insekt, das sich frei bewegen kann, und einem flugunfähigen Vogel. Der fest an den Körper des Christusknaben gepresste Distelfink kann seinen Ort im Bild nicht verlassen und wird auch seine symbolische Bedeutung als Präfiguration der Kreuzigung nicht los. Die Fliege hingegen kann in der Imagination des Betrachters als *trompe l'œil* eines realen Tiers frei über die Leinwand wandern, ihre Flügel putzen, schließlich davonfliegen und ihre symbolische Bedeutung hinter sich lassen.

Kehren wir noch einmal zum Portrait des Kartäusermönchs (Abb. S. 84) zurück. Auf einigen Reproduktionen des Bildes (so bei Arasse) umgibt den Kopf des Mönchs ein kreisförmiger, mit Zirkel und Kreide säuberlich gezogener Heilgenschein. Offenbar handelt es sich um eine spätere Zutat, mit der man die Nobilität des Dargestellten (der tatsächlich kein Heiliger, sondern ein Laienbruder war) sichtbar zum Ausdruck bringen wollte. Auf dem Original im New Yorker Metropolitan Museum of Art hat man diese Zutat wieder entfernt, sodass sie heute nur in den genannten Reproduktionen überlebt. Die Fliege, dessen kann man gewiss sein, wird auch auf der überarbeiteten Version des Bildes einen solchen Heiligenschein niemals besessen haben: Eine heilige Fliege, *sancta musca*, wäre ein kunsthistorisches Unding, aus theologischer Sicht ein Sakrileg. Kein Tier – nicht einmal Ochse und Esel, die auf den Darstellungen der Geburt Christi den kommenden Erlöser flankieren, oder der Esel, auf dessen Rücken sitzend Christus Einzug in Jerusalem hält – verfügen über dieses Privileg. Die »Eigenschaft der Fliege, Hierarchien durcheinander zu bringen«,[84] ist in diesem Doppelbildnis von Mensch und Fliege aber dennoch am Werk. Die Fliege ist »das einzige Attribut der Figur«.[85] Zugleich geht ihre Bedeutung einmal mehr über die Konvention eines ikonografischen Beiwerks hinaus. »Die ›Wirklichkeit‹ der Fliege«, so Arasse, »bestätigt diejenige der Figur.«[86] Indem der Maler sie als *trompe l'œil* und Einsprengsel des Realen ins Bild setzt, verleiht er dem Bild einen Wirklichkeitseffekt, an dem auch der Mönch teilhaben kann. Vor dem Original in New York re-

David bittet Gott um das Ende der Pest. Auf der illuminierten Handschrift erscheint über seinem Kopf eine Fliege – einer alten Vorstellung gemäß Überträgerin der Seuche.

lativiert sich zudem die scheinbare Winzigkeit und Nebensächlichkeit der Fliege: Auf dem 29,2 × 20,3 Zentimeter messenden Gemälde erscheint sie als einziges Detail des Bildes in Lebensgröße. Während der Mönch uns aus der maßstäblich verkleinerten Bildwelt heraus anblickt, hat die Fliege ihre natürliche Größe bewahrt und ist zugleich den Proportionen des Betrachters vor dem Bild angepasst – als sei die Größe eines Insekts das Maß der Dinge, als habe der Maler den Kartäusermönch der Lebenswelt der Fliege angepasst.

Da die Fliege »keine menschlichen Regeln der Pietät und des Dekorums kennt, setzt sie sich mit identischem Gemüt auf einen Misthaufen wie auf einen Altar, auf einen Leichnam wie auf eine kostbar zubereitete Speise«.[87] Mit derselben Indifferenz dringen die Fliegen in die Sphäre des Sakralen ein, »unbeirrt von der Heiligkeit des Geschehens«, wie Karin Gludovatz am Beispiel des wohl frühesten Exemplars dieser Art formuliert – einer Fliege, die auf einer vermutlich um 1400 enstandenen Handschrift auf der Brust eines Pferdes unmittelbar neben dem gekreuzigten Christus sitzt.[88] Um 1470 zeigt Francesco Benaglio eine Fliege auf der Schulter des heiligen Hieronymus, bei Sebastiano del Piombo sehen wir eine Fliege auf dem Gewand des Kardinals Bandinello Sauli, auf Giovanni Santis *Schmerzensmann mit zwei Engeln* (Abb. S. 97) neben der Seitenwunde Christi. Ein besonders unverfrorenes Exemplar zeigt eine illuminierte Handschrift aus Bayonne: Vor einer aufgetürmten Landschaftskulisse kniet David, König von Juda, und bittet Gott um das Ende der Pest. Dicht neben seinem Kopf hat sich eine übergroße Fliege – einer alten Vorstellung gemäß Überträgerin der Seuche – niedergelassen: Als sei noch nicht entschieden, wer in diesem Überlebenskampf das letzte Wort behalten wird.

Nach Ansicht des Kunsthistorikers André Pigler stellen die Fliegen der Malereigeschichte Schutzschilde gegen Übergriffe der Insekten dar. »[D]ie Restauratoren unserer Tage«, notierte Pigler 1964, »können Zeugnis davon ablegen, wie sehr die alten Gemälde durch Spuren verunreinigt sind, die von Fliegen herrühren, und sie können berichten, welche geduldige Arbeit die Beseitigung dieser Verschmutzungen oftmals verlangt.«[89] Die gemalten Fliegen, so folgert Pigler, sollten die Leinwände vor dieser Kontamination bewahren. »Gegen den Parasiten verteidigt man sich durch sein eigenes Abbild. [...] Dieser Glaube ist eine alte Entsprechung zum grundlegenden Prinzip der homöopathischen Therapie, *similia similibus curentur.* [...] Nach allgemeiner Ansicht war der Grund für die Abwesenheit von Fliegen im Palast von Toledo und im Dogenpalast von Venedig der Umstand, dass ihre eingravierten Darstellungen sie auf Abstand gehalten haben.«[90] So soll schon Virgil an einem der Tore der Festung von Neapel eine bronzene Fliege angebracht haben, um ihre lebendigen Artgenossinnen von der Stadt fernzuhalten.

Piglers These konnte sich in der kunsthistorischen Forschung nicht durchsetzen und ist heute in Vergessenheit geraten. Tatsächlich ließ sich mit ihr nicht erklären, warum man nur eine vergleichsweise geringe Zahl von Kunstwerken vor der Verunreinigung durch Fliegen geschützt haben sollte und darunter beinahe ausschließlich Werke des 15. und 16. Jahrhunderts. Verifizierbar oder nicht – Piglers These setzt aber doch ein interessantes Gedankenspiel in Gang: Was, wenn die

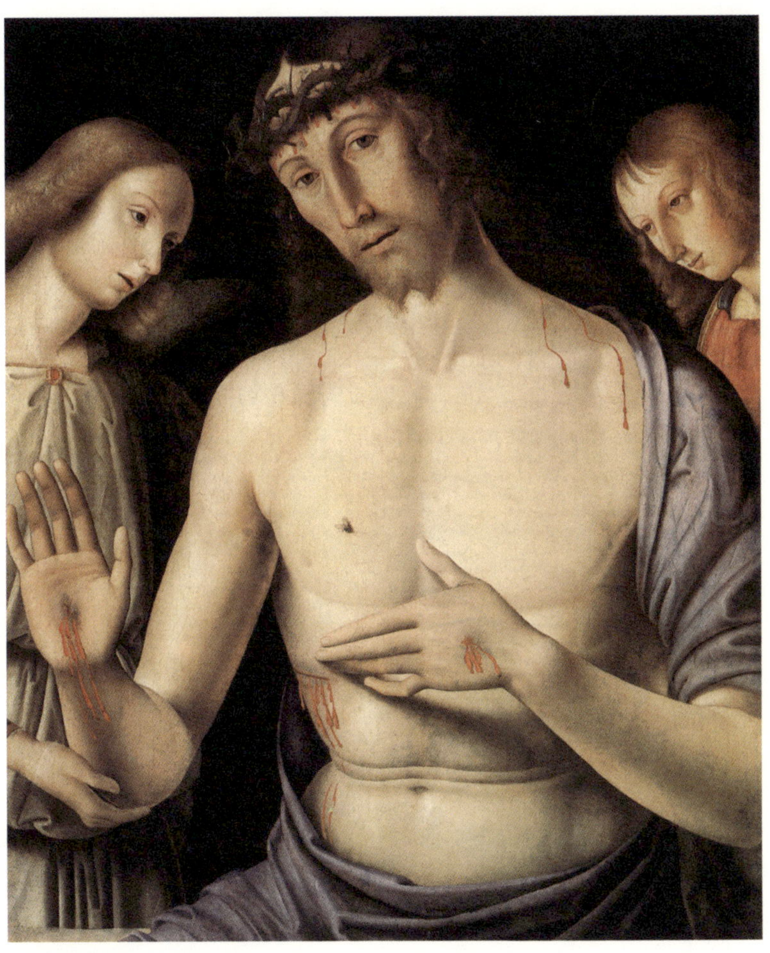

Giovanni Santi, Schmerzensmann mit zwei Engeln.
Und noch ein viertes Lebewesen ist im Bild: eine Fliege nähert sich der Seitenwunde Christi.

Kunst des *trompe l'œil* Malerei für Fliegen wäre? Die täuschend echt gemalten Fliegen der Kunstgeschichte richteten sich dann nicht an uns menschliche Betrachter, sondern an die unzähligen Fliegengenerationen vergangener Jahrhunderte, die im Anflug auf ein Gemälde im Anblick ihrer gemalten Artgenossinnen haltgemacht, gestutzt und ihre Flugrichtung geändert hätten. Jakob von Uexküll hätte dieser Gedanke zweifellos gefallen. Wie sähe die Geschichte der europäischen Hochkunst aus der Sicht einer Fliege aus? Unter den zahllosen Werken, auf denen sie mit Lust herumspazieren könnte, würden einige wenige herausragen, die ein böses Spiel mit ihnen treiben und vor denen sie sich in Acht nehmen müssten.

Das ›Haustier der Genetik‹

Das Jahr 1876 ist ein entscheidendes Datum in der Geschichte der Fliegen. Damals begann der Gymnasiallehrer und Naturwissenschaftler Pater Gabriel Strobl im Benediktinerstift Admont in der Steiermark mit dem Aufbau einer der weltweit größten Fliegensammlungen, die er in den folgenden drei Jahrzehnten durch Schenkungen, Tausch und Ankauf beständig vergrößerte. Während er zu Beginn seiner Studien nur in der unmittelbaren Umgebung der Benediktinerabtei Ausschau nach neuen Exemplaren hielt, führten spätere Fliegen-Exkursionen ihn bis nach Italien, Spanien, Serbien, Kroatien, Bosnien, in die Herzegowina und die Transsilvanischen Alpen. Über neunhundert neue Fliegenarten hat Strobl in seinen schwarzen Holzkisten versammelt. Er gab ihnen Namen und verzeichnete für jedes der Exponate Datum und Ort seines Fundes: »1898, Auf der Hofwiese bei Admont, 15. Juni«, »1898, Mostar, an einer Quelle, 26. April«, »1909, In Eichenwäldern bei Algeciras«.

Das Körperinnere der Fliegen hat den Benediktinerpater nicht interessiert, nie sezierte er irgendeine der ihm vorliegenden Fliegen aus der Sammlung.[91] Zwar zeigen die Nadeln, mit denen er seine Funde hinter Glas aufspießte (Abb. S. 101), dass auch die zoologische Erforschung des Lebendigen unter Umständen dessen Tod zur Voraussetzung hatte. Die Laborwissenschaftler des 20. Jahrhunderts haben mit den Idealen der Beobachtung und Beschreibung des natürlichen Lebens aber grundsätzlich gebrochen und ein ganz anderes Erkenntnisinteresse formuliert. An die Stelle der Beschreibung und Beobachtung des Lebens trat das Experiment mit seinen gezielten Eingriffen in die innere Struktur der Organismen. Strobls zoologische Klassifikationen erschienen von hier aus gesehen ebenso überholt wie Uexkülls imaginäre Ausflüge in die Lebenswelt der Fliegen.

1901 tauchten neben Hunden, Katzen, Tauben, Ratten und Mäusen erstmals auch Fruchtfliegen (*Drosophila melanogaster*) in den Versuchsstätten der Biologie auf.

Der in Harvard lehrende Embryologe William E. Castle gehörte zu jener Gruppe von Wissenschaftlern, die der in Misskredit geratenen Vererbungslehre des Augustinermönches Gregor Mendel eine zweite Chance geben wollten. Im Zuge seiner Beschäftigung mit Mendels Kreuzungsversuchen und den daraus hervorgegangenen Vererbungsregeln fand William E. Castle in den Fruchtfliegen ein Studienobjekt, das leicht zu kultivieren war, wenig Raum verlangte, kaum Kosten verursachte und sich rasch vermehrte. Genau genommen musste nach der Fruchtfliege gar nicht gesucht werden: Im dicht besiedelten New York mit seinen Abfallbergen war sie ohnehin allgegenwärtig, und in den Hafenstädten Boston und Philadelphia profitierte sie vom florierenden Handel mit Frischobst, Zucker und Rum. Castle gab sein Interesse an der Fruchtfliege wenig später zugunsten der Säugetiere wieder auf. Als Labortier war Drosophila aber seither fest etabliert, bald fanden sich in zahlreichen Universitäten Laborkolonien.

Ihre weltweite Konjunktur als »Haustier der Genetik«[92] ging vom Labor des Zoologen Thomas Hunt Morgan an der Colum-

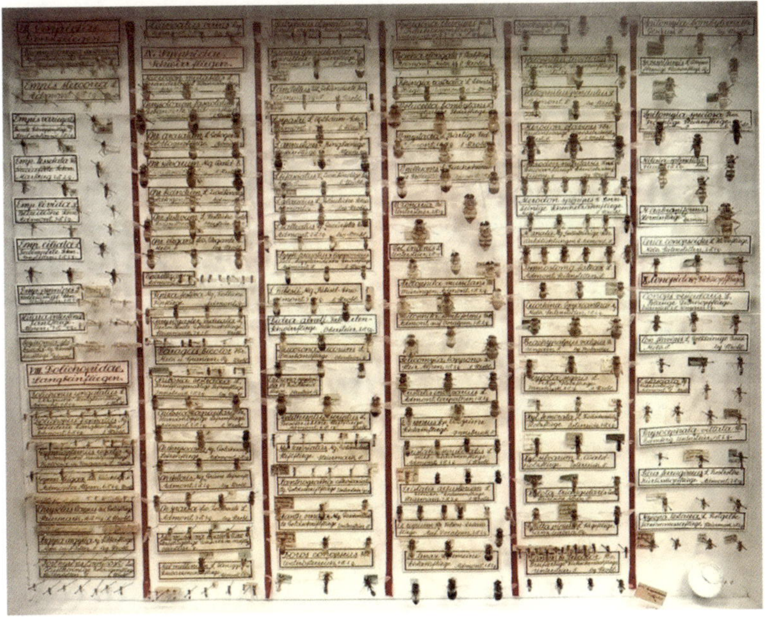

Aus der Sammlung des Paters Gabriel Strobl, Benediktinerstift Admont, begonnen 1876 und bis heute eine der weltweit umfangreichsten Fliegensammlungen.

bia University in New York aus. Morgan hatte mit Blattläusen, Kröten, Ratten und Fischen experimentiert, war im Zuge seiner Studien zur Anpassung von Organismen an ihre Umwelt dann aber auch auf die effektive Fruchtfliege gestoßen. Im Verlauf dieser Versuche ließen Morgan und sein Schüler Fernandus Payne 49 Fliegengenerationen ihr kurzes Leben in völliger Dunkelheit verbringen. Würde angesichts dieser lebenslangen Existenz in der Finsternis die Erfahrung der Nutzlosigkeit von

Augen an die nachfolgenden Generationen vererbt? Und würde die Weitergabe dieser Information bei den Nachkommen schließlich zu einer allmählichen Rückbildung der Sehorgane führen? Die Erwartung trat nicht ein. Die Augen wollten auch nach 49 Lebenszyklen in der Dunkelheit nicht verschwinden, dafür stieß Morgan aber eines Tages auf eine unerwartete Mutation: Eines der zahllosen Exemplare der *Drosophila melanogaster* kam mit weißen, statt mit roten Augen zur Welt. Morgan paarte die weißäugige Fliege mit einem gewöhnlichen, rotäugigen Exemplar. In der nächsten Generation waren die weißen Augen verschwunden, um in der darauf folgenden Generation erneut zum Vorschein zu kommen – eine Bestätigung der früheren Beobachtungen Gregor Mendels. In der Folge entdeckten Morgan und seine Mitarbeiter, dass die Grundlage der Vererbung in den Chromosomen lag und jedes dieser Chromosome aus einer Auflistung von Erbinstruktionen, den Genen, bestand.

In seiner Studie *Lords of the Fly* hat der Wissenschaftshistoriker Robert Kohler eine eindrückliche Beschreibung des Zusammenlebens von Genetikern und Fliegen im Raum Nr. 613 des Schermerhorn Building der Columbia Unversity gegeben. Auf engem Raum standen acht Arbeitstische mit Mikroskopen und Brutkästen, an den Wänden zogen sich Dutzende von Regalen mit Milchflaschen hin, in denen die Fliegen gehalten wurden. »Im Fliegenzimmer gab es keine persönlichen, privaten Bereiche, abgesehen von dem angrenzenden, schmalen Büro Morgans, dessen Tür immer offenstand. Der Raum war so arrangiert, dass jeder jederzeit wusste, womit die anderen gerade beschäftigt waren«. Über den Arbeitstischen schwebte eine ständige Dunstwolke aus faulenden Bananen, Hefe und Äther

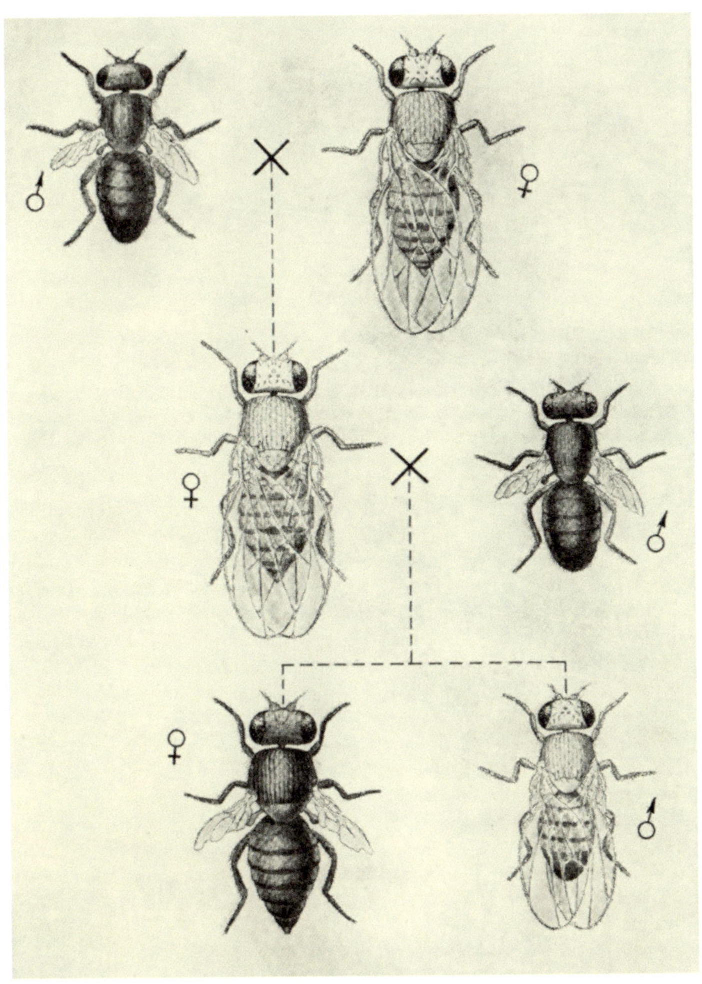

Kreuzung zweier Fruchtfliegenarten, Benjamin Charles Gruenberg, Biology and Man, *1944.*

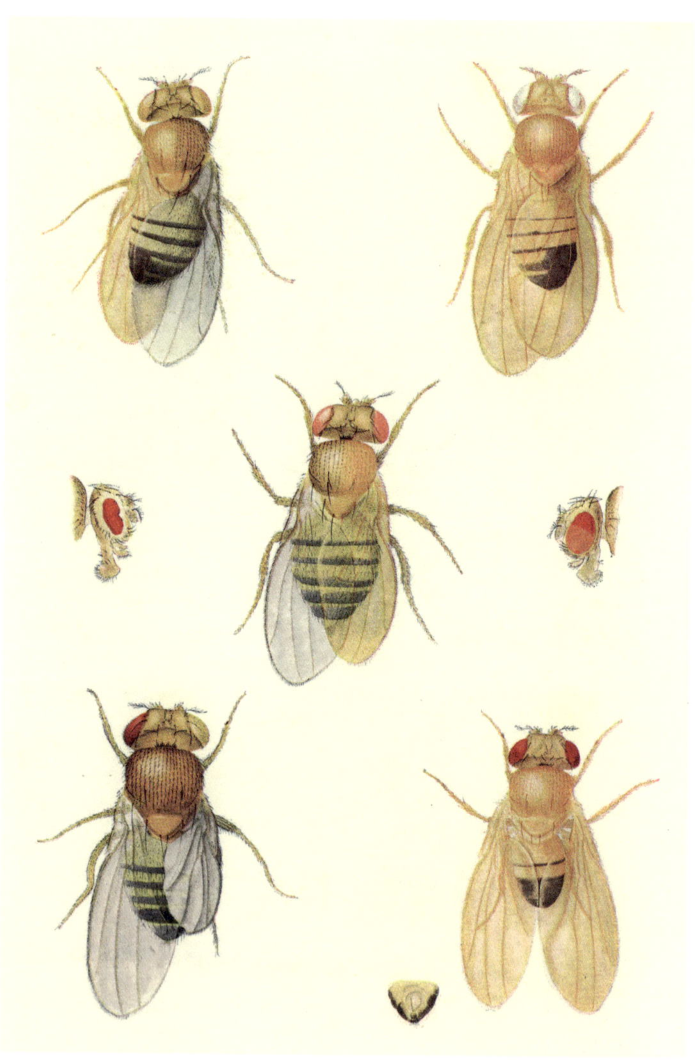

Zu Beginn des 20. Jahrhunderts setzt die Produktion von Fliegenmutanten ein. Verbindung männlicher und weiblicher Merkmale der Drosophila, T. H. Morgan und C. B. Bridges, 1919.

(zur Betäubung der Fliegen). Im geschlossenen System des »Fliegenzimmers« bildete sich mit der Zeit eine eigene soziale Ordnung heraus. »Unter den Mitgliedern der Gruppe wurden Besitzverhältnisse, Zugänglichkeit und Vertrauen maßgeblich durch die besonderen Eigenschaften des Tiers geprägt, das sie adoptiert hatten – bzw. vom dem sie adoptiert worden waren. In der Praxis des Experiments hingen Fliegen und Personen existenziell voneinander ab.« Es war Teil dieser Praxis, dass die im »Fliegenzimmer« gezüchteten Exemplare sich zunehmend den Bedingungen und Erfordernissen des Labors anpassten. »Die Diversität frei lebender Fliegenarten wurde durch die künstlich vorgegebenen Leitsätze der Mendel'schen Genetik und der Kartierung von Chromosomen außer Kraft gesetzt«. Schließlich zielte die Arbeit im Labor auf die »Konstruktion einer Standard-Fliege«.[93] Das Experiment »erforderte ein Tier, frei von der hochgradigen Wandelbarkeit natürlicher Populationen außerhalb des Labors, ein Tier, in dem alle beobachteten Abweichungen das unzweideutige Produkt experimenteller Mutationen sein sollten. [...] Die neue Fliege war kooperativ, offen fürs Experiment und passte sich der Produktion präziser Zahlenangaben an. Anders als ihre immer fremder werdenden Vettern außerhalb des Labors, die nur während der Morgen- und Abenddämmerung ins Freie kamen, war sie den ganzen Tag aktiv und brütete rund um die Uhr. Sie wurde massenhaft erzeugt, um massenhaft Experimente zu erzeugen.«[94]

Diese Massenproduktion markierte einen entscheidenden Wendepunkt in der langen Geschichte der Fliegen. Statt auf das unvorhersehbare Erscheinen natürlicher Mutationen – wie Morgan es an jenem Wintertag des Jahres 1910 in Gestalt des weißen Augenpaars erlebt hatte – warten zu müssen, machte man sich an die gezielte Herstellung künstlicher Mutanten im Labor, etwa sogenannter *gynandromorphs*, hybrider Wesen, die männliche und weibliche Merkmale verbanden (Abb. S. 104).[95] Vom Studium solcher planmäßig herbeigeführten Ausnahmefälle erhoffte man sich Rückschlüsse auf den Normalzustand der Vererbung. Morgans Schüler Herrmann Muller brachten seine Fliegenmutanten 1946 den Nobelpreis für Medizin ein, da mit ihren künstlich herbeigeführten Deformationen der Beweis für die Schädigung des Erbguts durch Röntgenstrahlung erbracht war. Man injizierte Säuren und Laugen in die Keimdrüsen der Fliegen, setzte sie großer Hitze aus und schleuderte sie in Zentrifugen. Die Hochphase der Mutantenproduktion setzte in den Siebzigerjahren ein. »Alle diese Mutanten litten an so etwas wie einem grobkörnigen Neuarrangement ihres Körperplans.«[96] Das genetische Labor entließ Fliegenembryonen ohne Kopf, mit Stummelbeinen, Stummelflügeln und Wucherungen, Mutanten, die torkelten, konvulsivisch zuckten oder anstelle der Fühler zusätzliche Beine besaßen. An den winzigen Körpern der Fliegen ließen sich Phänomene studieren und erzeugen, die man vor allem auch aus der eigenen, menschlichen Erfahrung kannte: Schlaf- und Erinnerungsstörungen, Abhängigkeit von Nikotin und Kokain, Symptome von Parkinson und Alzheimer.

So zielte die experimentelle Erforschung der Fliege letztlich auf das Verständnis der eigenen Spezies. Man wusste, »dass das Studium der Fruchtfliege Anhaltspunkte für ein allgemeineres biologisches Gesamtbild liefert, das ein breites Spektrum von Organismen, einschließlich uns selbst, umfasst«.[97] Über alle morphologischen Differenzen hinweg brachte die Genetik auf ihre Weise eine verborgene strukturelle Verwandtschaft zwischen Menschen- und Fliegenorganismus zum Vorschein. Von dieser Verwandtschaft kann man wissen, aber man sieht sie nicht. So bleibt im Verhältnis zwischen Fliege und Mensch jenes Erstaunen bestimmend, das der Anthropologe Hugh Raffles formuliert hat: »Wie diese Fliege uns so ähnlich sein kann, dass es völlig natürlich scheint, sie als unser biologisches Surrogat zu behandeln und gleichzeitig so völlig unähnlich, dass es nicht weniger natürlich scheint, sie ohne Gewissensbisse und ohne auch nur einen Gedanken zu verschwenden, grenzenloser Vernichtung auszusetzen.«[98]

Zuletzt

Die letzten veröffentlichten Sätze Vladimir Nabokovs galten den Fliegen. Im Januar 1977 druckte das *Times Literary Supplement* Nabokovs Antwort auf eine Umfrage zur »Überprüfung von Reputationen«. Die Befragten waren aufgefordert, einen ihrer Ansicht nach unterschätzten Text der Weltliteratur zu nennen. Nabokov wählte H. G. Wells' *The Passionate Friend*, sein »kostbarstes Beispiel für ein zu Unrecht verkanntes Meisterwerk«. Mit 14 oder 15 Jahren habe er das Buch in der Bibliothek seines Vaters gelesen. An eine »Botschaft« des Textes kann Nabokov sich nicht erinnern. Ebenso wenig gilt sein Interesse der Suche nach verborgenen »Symbolen« der Erzählung (»wenn es diese denn gab«). Doch dringen aus der Vergangenheit »einige letzte – mir zeitlich näher rückende Einzelheiten – durch den farbigen Dunst«.

Im Erinnerungsbild überleben die Fliegen. Der Schauplatz ist so trostlos wie der Abschied zweier Liebenden, der hier »an einem Sommertag unter juristischer Aufsicht im Salon eines Fremden« stattfindet: Die Räume, in denen Stephen Stratton, der Held und Erzähler der Geschichte, seiner Geliebten zum letzten Mal gegenübersteht, sind bereits für die bevorstehende Wohnungsauflösung präpariert. Die Teppiche sind eingerollt, die Bilderrahmen mit Tüchern verhangen, die Kronleuchter verhüllt. »In Opern und Liebesgeschichten«, schreibt Wells, »geht man nach einem solchen Abschied in der großartigen

Vincent Laurensz. van de Vinne, 1714. Die Gegenwart der toten Fliegen auf dem Tisch hält die noch lebenden nicht davon ab, ins Licht zu fliegen.

Würde der Düsternis davon«.[99] Stratton hingegen steigt als »leere Hülle« an der Seite des Fremden die Treppe zum Foyer herab, wo »eine mit gelbem Musselin umhüllte Marmorstatue« steht. Als ihn angesichts des fremden Begleiters Verlegenheit und Scham über seine Tränen überkommen, »sagt er«, so erinnert sich Nabokov, »zu diesem (einfach um etwas zu sagen und dann nur einen armseligen kleinen Satz über diese verhüllten Stühle zu finden): ›Wegen der Fliegen‹. Ein Pinselstrich von hoher Kunst, wie er Conrad oder Lawrence versagt war.«[100]

Unter der Überschrift »Wegen der Fliegen« ist Nabokovs Notiz zu *The Passionate Friend* in Band 21 seiner *Gesammelten Werke* eingegangen – die »letzte Veröffentlichung« des Dichters.[101] Warum erinnert Nabokov sich über sechzig Jahre nach der Lektüre des Buches an dieses Detail? Und warum soll in der traurigen Geschichte einer unmöglichen Liebe ausgerechnet die Erwähnung der Fliegen ein »Pinselstrich von hoher Kunst« sein, der das Buch zum unerkannten Meisterwerk macht?

In Wells' Erzählung kommen Fliegen noch ein weiteres Mal vor. Stratton nimmt als Freiwilliger am Zweiten Burenkrieg teil und erblickt auf dem Schlachtfeld erstmals den Leichnam eines Gefallenen: Um die verklebte Schusswunde am Kopf des Toten tummelt sich ein Knäuel schwarzer Fliegen. Nabokov interessiert aber nicht das düstere Detail (die Arbeit der Insekten am Körper eines Toten), sondern die gänzlich unspektakuläre Szene im Foyer, in der man die Fliegen gar nicht sieht und von ihnen lediglich gesprochen wird. Sechzig Jahre nach der Lektüre des Textes ist die dort beschriebene, »verhüllte Marmorstatue« in der Erinnerung Nabokovs zu »verhüllten Stühlen« geworden. Indem er die Skulptur zu einem gewöhnlichen Möbelstück macht, den Marmor zu Holz, erhöht Nabokov den profanen Charakter der Kulisse. Zwei Motive kommen hier zusammen: der Abschied von der Geliebten, ein Ereignis, von dem der Held der Erzählung sich nicht mehr erholen wird, und die stumme Alltäglichkeit der Gegenstände, die wie immer ungerührt an ihrem Platz stehen. Dass es auch im Moment der größten Verzweiflung nach wie vor Fliegen gibt und verhüllte Stühle, auf denen sie sich niederlassen – davon handelt die kleine Szene. Und doch dominiert hier nicht die bösartige, gegen den Menschen gerichtete Gleichgültigkeit der Dinge wie bei Marcel Prousts »Feindseligkeit der violetten Vorhänge« und der »unverschämte[n] Gleichgültigkeit der Pendeluhr, die ganz laut vor sich hinschwatzte, als wäre ich gar nicht da«.[102] In dem »armseligen kleinen Satz« über die verhüllten Stühle schwingt auch Rührung mit: als überkomme den Helden im Zustand der Verlassenheit Mitleid mit den Fliegen.

5. März 2017. Auf dem Flug nach Mailand schlafe ich wenige Minuten nach dem Start ein. Kurze Zeit später erwache ich durch einen leichten Luftzug an der Schläfe: Es ist die erste Fliege des Jahres, gemeinsam mit uns Passagieren am Flughafen Berlin-Tegel gestartet. Wie seltsam: Eine Fliege im Innenraum eines Flugzeugs, zwei Beweglichkeiten, ein Flug im Flug (*mobilis in mobile*). Keinerlei Impuls, das Tier zu töten.

Schwarzbäuchige Fruchtfliege
Drosophila melanogaster

Common Fruit Fly
Mouche du vinaigre

Wörtlich übersetzt bedeutet der Name »schwarzbäuchiger Liebhaber des Taus«, 1830 erstmals durch den deutschen Insektenkundler Johann Wilhelm Meigen so benannt. Die Bezeichnung nimmt auf die schwarze Spitze des männlichen Hinterteils Bezug. Charakteristisch sind auch ihre roten Augen und die geringe Körpergröße von nur zwei bis vier Millimetern. Von Südasien aus hat die Art sich über die gesamte Welt verbreitet. *Drosophila melanogaster* ist vergleichsweise tolerant gegenüber Hitze und Kälte, hat sich gut an die Umgebung des Menschen angepasst und überwintert in Häusern.

Seit Thomas Hunt Morgan sie 1910 als ideales Versuchstier zur Erzeugung von Mutationen entdeckte, wurde sie zur berühmtesten der etwa zweitausend Drosophila-Arten. Vor allem aufgrund ihrer hohen Vermehrungsrate sowie der einfachen und kostengünstigen Haltung wurde die Fliege zum beliebtesten Modellorganismus der Genetik. 2006 wählten Herman A. Dierick und Ralph J. Greenspan vom Institut für Neurowissenschaften in San Diego *Drosophila melanogaster* zur Erforschung des »Aggressionsprofils« von Fliegen. Die beiden Forscher isolierten besonders kampfeslustige Exemplare, um sie für neue Züchtungen zu verwenden und erreichten nach 21 Generationen gegenüber der normalen Laborfliege ein dreißigfach erhöhtes Kampfpotenzial. »Die Fliegen kämpfen und die US-Regierung, die ihr Geld durch die National Science Foundation schleust, schließt Wetten auf den Sieger ab«, kommentiert der Anthropologe Hugh Raffles.[103]

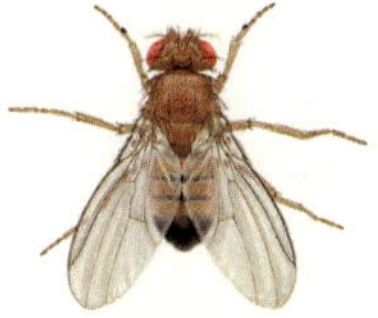

Scheindunkle Fruchtfliege
Drosophila pseudoobscura

Fruit Fly

Mouche du vinaigre

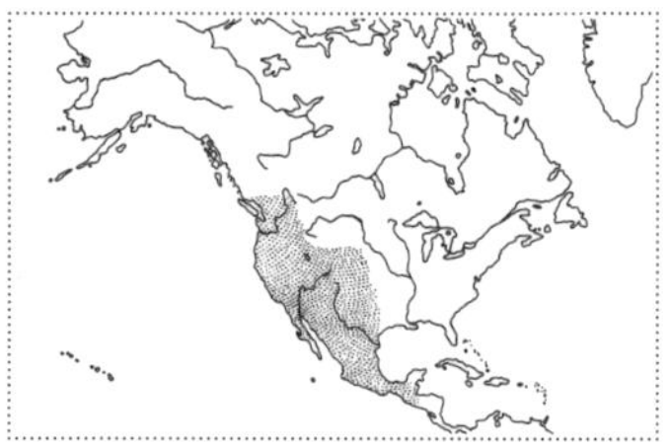

Die Scheindunkle Fruchtfliege lebt in der westlichen Hälfte von Nordamerika sowie in Teilen von Mexiko und Kolumbien. Wie andere Fruchtfliegen können die Tiere bis zu 100 Meter am Tag zurücklegen. In den Dreißigerjahren wurde sie von dem russisch-amerikanischen Biologen Theodosius Dobzhansky bei seiner Suche nach einem Versuchstier beschrieben, das sich den artifiziellen Bedingungen des Labors noch nicht so angepasst hatte wie die domestizierte *Drosophila melanogaster*. Auch der Umstand, dass sich natürliche Populationen mit einzelnen, dem Labor entkommenen *Drosophila-melanogaster*-Exemplaren vermischt haben konnten, motivierte Dobzhansky, in laborfreien Zonen in Kolumbien, Mexiko und Alaska nach einer neuen, wilden Drosophila-Art zu suchen. »Damit half er, eine Brücke zwischen zwei entgegengesetzten biologischen Traditionen zu bauen«, schreibt Martin Brookes.[104]

Dobzhanskys Forschungen galten der natürlichen Selektion. Um die von ihm aufgezüchteten und wieder freigelassenen Exemplare von den wilden Exemplaren unterscheiden zu können, markierte er seine Versuchstiere mit einem mutierten Gen, das ihren Augen eine leuchtend orange Farbe statt des natürlichen Rot verlieh. Da bei der Scheindunklen Fruchtfliege die Haut über den Hoden durchsichtig ist, lassen sich die Geschlechtsorgane gut studieren, sodass diese Fliegenart auch häufig für Studien zur Unfruchtbarkeit herangezogen wurde.

Stubenfliege
Musca domestica

Housefly

Mouche domestique

Außer in Wüsten, polaren oder hochalpinen Landschaften ist die Stubenfliege überall auf der Welt anzutreffen. Ihr Körper ist grau, die Unterseite gelblich, am Thorax verlaufen vier Längsstreifen. Vom Rumpf gehen sechs behaarte Beine aus. Die sogenannten Polster an deren Ende erlauben es der Stubenfliege, kopfüber an Raumdecken entlangzulaufen. An den Beinen der Fliege befinden sich außerdem auch Geschmacksrezeptoren, mit deren Hilfe sie potenzielle Nahrung – Flüssigkeiten und zuckerhaltige Stoffe – testet. Die Stubenfliege verfügt über zwei Facettenaugen, die aus jeweils dreitausend Einzelaugen (Ommatidien) zusammengesetzt sind und dem Gehirn zweihundert Bilder pro Sekunde übertragen.

Als Überträgerin von Infektionskrankheiten wie Ruhr, Typhus oder Cholera rechnet man die Stubenfliege den Schädlingen zu. Aufgrund ihrer Nähe zum Menschen ist die Stubenfliege die kunst- und kulturhistorisch am meisten beachtete Fliegenart. Zu den entschiedensten Verdammungen der Hausfliege gehört Mark Twains *Die Vormachtstellung der Stubenfliege* von 1906: »Noch nie ist ein Geschöpf erschaffen worden, das dem Menschen auf Augenhöhe begegnen, ihn verhöhnen und ihm trotzen konnte – mit Ausnahme der Stubenfliege. […]
Die Schlange, die Spinne und all die anderen verschone ich und würde ihnen nicht mutwillig Schmerz zufügen, aber ich würde keine Mühen scheuen und meine liebste Beschäftigung beiseitelegen um eine Fliege zu töten, selbst wenn ich wüsste, dass es die allerletzte ist.«[105]

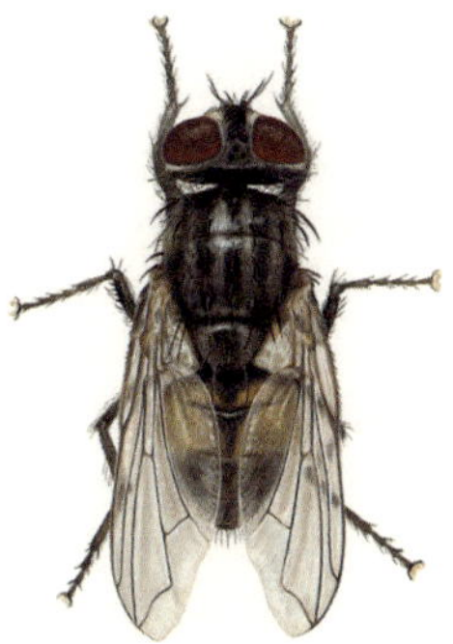

Goldfliege
Lucilia sericata

Common Green Bottle Fly

Lucilie soyeuse

Aufgrund ihres goldgrün schimmernden Körpers erfreut sich die Goldfliege zumindest anhand ihres Namens einer edlen Aura, die im krassen Kontrast zum Ruf ihrer Familie steht: Sie gehört zu den Schmeißfliegen, einer weltweit aus über tausend Arten bestehenden Gruppe. Deren Bezeichnung leitet sich aus dem althochdeutschen Wort für beschmieren, besudeln (›schmeißen‹) ab und spielt auf die Vorliebe der Tiere für stark riechende, organische Stoffe an, die sie durch Geruchssinnesorgane an ihren Antennen identifizieren. Zumindest im Französischen ist mit dem Familiennamen *mouches vertes et bleues* das eigentümliche Nebeneinander von Schmutz und Schönheit, Ekel und Bewunderung, das wie bei der Goldfliege die Wahrnehmung dieser Tiere bestimmt, aufgehoben. Diese Ambivalenz gilt vor allem für die Schmeißfliegenart der Totenfliege (*Cynomya mortuorum*) – etwa in Guy de Maupassants Erzählung *Die kleine Roque* (1885), wo ein Exemplar sich am Leichnam eines geschändeten Kindes zu schaffen macht und dabei zugleich die Schönheit ihrer Farbe zu erkennen gibt: »Im Maße die Schmeißfliege sich von verfaulendem Fleisch nährt, wird sie zum blauglänzenden Edelstein«.[106]

Schmeißfliegenweibchen legen ihre Eier auf organischen Stoffen ab, wozu auch verwesende Körper gehören können. Da unterschiedliche Schmeißfliegenarten ihre Eier dort zu unterschiedlichen Zeitpunkten ablegen, ist ihr Erscheinen in der Forensik ein wichtiger Indikator zur Bestimmung des Todeszeitpunkts.

Stechende Tsetsefliege
Glossina morsitans

Tsetse Fly

Mouche tsé-tsé

Tsetsefliegen, eine in einigen Ländern Afrikas heimische Gattung der Familie der Zungenfliegen, ernähren sich von menschlichem und tierischem Blut. Charakteristisch ist die Form der Flügel, die im Ruhezustand wie die Blätter einer Schere waagerecht übereinander auf dem Hinterleib liegen. Im Unterschied zu anderen Fliegenarten produzieren die weiblichen Tiere nur ein einziges Ei, das sie nicht ablegen, sondern im Körper behalten.

Tsetsefliegen sind als Überträgerinnen der sogenannten Schlafkrankheit (afrikanische Trypanosomiasis) bekannt, die beim Menschen ihren Ausgang mit Fieber, Schüttelfrost, der Bildung von Ödemen und Lymphknotenschwellungen nimmt, im Endstadium das Zentralnervensystem befällt und den Patienten in einen schläfrigen Dämmerzustand versetzt. Der schmerzhafte Stich erfolgt über den aus einer steifen Borste bestehenden Rüssel, mit dessen Hilfe die Fliegen eine Wunde erzeugen, aus der sie Blut und Lymphe aufnehmen. Neben Menschen sind vor allem Rinder und Schweine von der Übertragung von Krankheitserregern durch Tsetsefliegen betroffen. Ein zuverlässiger Impfstoff existiert nicht, jedoch ist es gelungen, durch gezielte Sterilisation Populationen zu dezimieren. Dazu werden im Labor unter Einsatz radioaktiver Strahlung zeugungsunfähige Insekten gezüchtet und im Zielgebiet freigelassen, um eine Begattung der Weibchen mit künstlich sterilisierten Männchen herbeizuführen und Nachkommen zu verhindern.

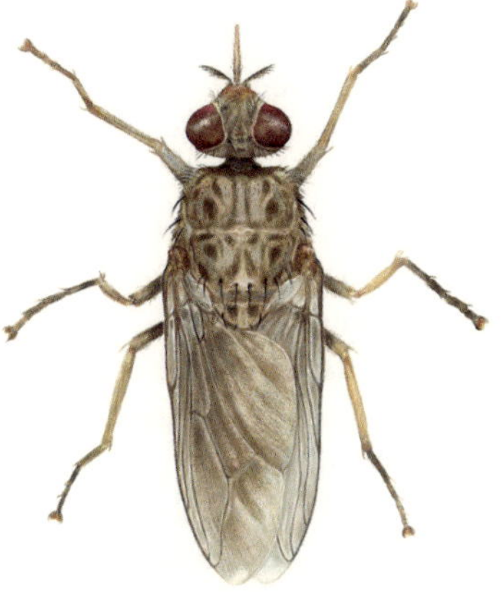

Hornissenschwebfliege
Volucella zonaria

Hornet Mimic Hoverfly

Volucelle zonée

Hornissenschwebfliegen sind in Europa heimisch und erreichen eine Größe von bis zu 20 Millimetern. Die geschlechtsreifen Tiere ernähren sich vom Nektar blühender Pflanzen (u. a. Baldrian, Rossminze und Liguster).

Die Bezeichnung ›Schwebfliege‹ erklärt sich aus der Angewohnheit der Männchen, sich im Sonnenschein über längere Zeit auf der Stelle schwebend in der Luft zu halten. Die Art der Hornissenschwebfliege verdankt ihren Namen der schwarzgelben Körperfärbung, mit der die Tiere das Aussehen von Hornissen, Wespen oder Hummeln imitieren, um sich vor dem Zugriff ihrer natürlichen Feinde zu schützen. Hier handelt es sich um jene Form der Mimikry, bei der harmlose Arten sich das Aussehen ungleich gefährlichere Arten zulegen und etwa vorgeben, einen Giftstachel zu besitzen.

Bei manchen Schwebfliegenarten kommt zu dieser optischen auch eine akustische Mimikry hinzu: Sie schlagen ihre Flügel mit derselben Frequenz wie Honigbienen und erzeugen auf diese Weise dieselbe Tonhöhe wie die stechenden Honigsammler.

Aufgrund ihrer Tarnung werden Hornissenschwebfliegen von den meisten Singvögeln nicht angegriffen. Allerdings ist die Mimikry nicht in allen Fällen erfolgreich: Der zur Familie der Fliegenschnäpper gehörende Grauschnäpper lässt sich durch die gelbschwarze Färbung der Fliegen nicht täuschen und frisst sowohl Hummeln und Wespen als auch Hornissenschwebfliegen.

Gemeine Breitstirnblasenkopffliege

Sicus ferrugineus

Conopoid Fly

Mouche conopide

Die Gemeine Breitstirnblasenkopffliege ist in Europa heimisch, wo sie an Waldrändern und Wiesen lebt und vornehmlich von Mai bis August anzutreffen ist. Ihr Körper ist rostrot gefärbt, die Fühler sind braun, das Gesicht gelb. Auf der Oberseite des Kopfes befindet sich zusätzlich zu den beiden Augen der (auch bei anderen Insekten und Gliederfüßern verbreitet) Ocellenfleck – ein punktförmiges Sinnesorgan, das vermutlich der Wahrung des Gleichgewichts, der Koordination schneller Flugbewegungen oder der Bestimmung der Lichtstärke dient.

Die Gemeine Breitstirnblasenkopffliege zählt zu den sogenannten Parasitoiden, die sich zur Fortpflanzung eines anderen Insekts bedienen, das bei diesem Vorgang stirbt. Im konkreten Fall der Gemeinen Breitstirnblasenkopffliege nutzt das Weibchen nach der Paarung seinen Stachel, um im Flug ein Ei im Hinterleib einer Pollen sammelnden Hummel abzulegen. Die Larven schlüpfen dort und überwintern im Körper des toten Wirts.

Gewürfelte Tanzfliege
Empis tessellata

Dance fly

Empis marqueté

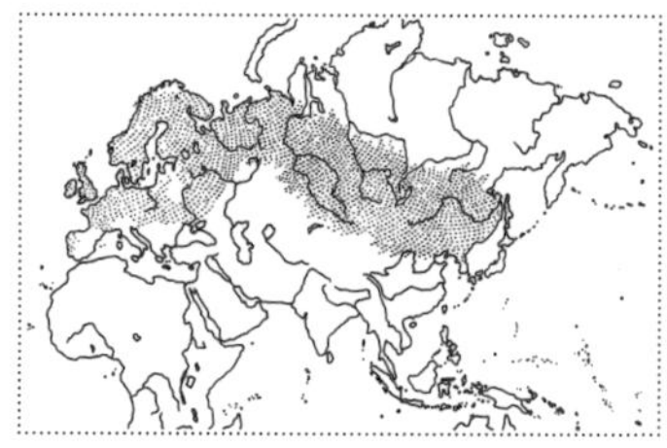

Die Gewürfelte Tanzfliege ist in nahezu allen Teilen Europas sowie in Asien bis nach Japan anzutreffen. Sie bevölkert dort Waldränder, Lichtungen und feuchte Wiesen und ernährt sich von Blütennektar und kleinen Insekten. Die Geschlechtszugehörigkeit der Tiere lässt sich an der Größe der Facettenaugen bestimmen: Die Männchen besitzen schmale, aneinanderstoßende, die Weibchen breite und voneinander deutlich getrennte Augen.

Vor der Paarung tauschen die Männchen mit den Weibchen ballonartige Blasen aus (von Biologen als ›Hochzeitsgeschenk‹ bezeichnet), in deren Innerem sich meist ein Beutetier (Schnake, Spinne oder Laus) befindet. Die Biologen Berta und Edward Kessel haben in den Fünfzigerjahren acht Entwicklungsstadien der Gewürfelten Tanzfliegen unterschieden und diesen Stadien unterschiedliche Komplexitätsgrade des Paarungstanzes zugeordnet. Aus der Beobachtung, dass die Weibchen auch leere Wattebällchen als Gabe akzeptieren, wurde auf deren mangelnde Reaktionsfähigkeit sowie ihre Dienstfertigkeit dem Männchen gegenüber geschlossen. Es bedurfte des Anthropologen Hugh Raffles, der seinerseits die Biologen beobachtete, um auf die verborgenen Stereotypen und Klischees dieser Argumentation hinzuweisen: »Was, wenn wir annehmen, dass die Bereitschaft zur Annahme von Wattebällchen durch viele weibliche Fliegen ein Indiz dafür ist, dass die Gegenstände anstatt ›wertlos‹ zu sein, Qualitäten haben, die uns unbekannt sind?«[107]

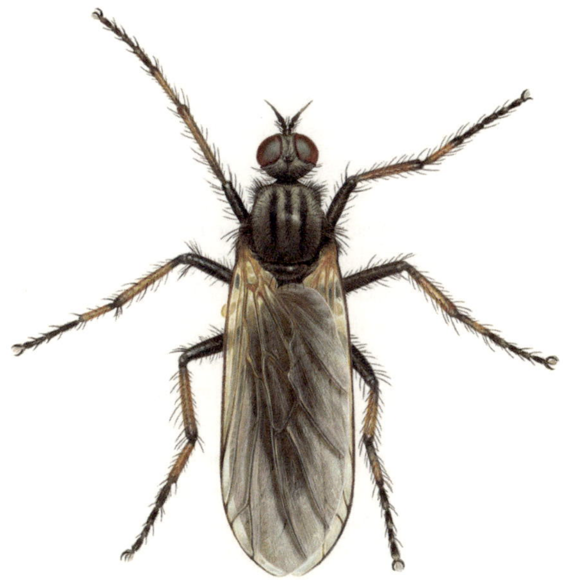

Regenbremse
Haematopota pluvialis

Common Horse Fly

Taon pluvial

Bremsen sind blutsaugende Insekten und vor allem in den Monaten zwischen Mai und August in der Nähe von Sümpfen, Waldrändern und Feuchtwiesen aktiv. Sie kommen überall in Europa sowie quer durch Asien bis nach Japan vor. Regenbremsen zeigen sich vor und während Niederschlägen besonders jagdlustig. Die Tiere besitzen auffallend große, in verschiedenen Farben schillernde Facettenaugen. Die Männchen ernähren sich von Nektar. Die Weibchen stechen Warmblütler, indem sie mithilfe ihres Saugrüssels eine Wunde auf der Haut erzeugen und sich von dem austretenden Blut und der Lymphe ernähren. Die Eier werden an wassernahen Pflanzen abgelegt, die Lebensdauer der Tiere beträgt zwei bis vier Wochen. Während zahlreiche Bremsenarten, so auch die Regenbremse, lautlos fliegen, zeichnen sich manche Arten – wie die Pferdebremse – durch ein deutlich vernehmbares, tiefes Brummen aus. Darauf geht offenbar auch die Bezeichnung der Bremsen (aus dem Mittelhochdeutschen ›bremen‹ = brummen) zurück.

Anmerkungen

1 Hubertus v. Amelunxen: »Tomorrow For Ever – Photographie als Ruine«, in: Carl Aigner, Hubertus v. Amelunxen und Walter Smerling (Hg.): *Tomorrow For Ever. Architektur / Zeit / Ruine,* Köln 1999, S. 17. **2** Béla Balázs: *Der sichtbare Mensch oder die Kultur des Films,* Frankfurt am Main 2001, S. 76. **3** Hartmut Böhme: »Das Handeln und Denken der Bilder. Oder wie Fliegen den Betrachter verrücken«, in: Andreas Beyer und Dario Gamboni (Hg.): *Poiesis. Über das Tun in der Kunst,* Berlin / München 2014, S. 82. **4** Adalbert Stifter: *Abdias*, in: ders.: *Studien*, Düsseldorf / Zürich 1979, S. 651. **5** Emmanuel Levinas: »Nom d'un chien oder das Naturrecht«, in: Roland Borgards, Esther Köhring und Alexander Kling (Hg.): *Texte zur Tiertheorie*, Stuttgart 2015, S. 132 f. **6** Vgl. Bernhard Siegert: »Die Spur der Fliege. Eine kleine Diskursanalyse des Stereotons im Film«, in: Peter Berz, Annette Bitsch und Bernhard Siegert (Hg.): *FAKtisch. Festschrift für Friedrich Kittler zum 60. Geburtstag,* München 2003, S. 183 f. **7** Alfred Edmund Brehm: *Brehms Thierleben. Allgemeine Kunde des Thierreichs*. Neunter Band. Vierte Abtheilung: Wirbellose Thiere, Bd. 1, Leipzig 1877, S. 475 (im Original nicht kursiv). **8** Daniel Arasse: *Le détail. Pour une histoire rapprochée de la peinture*, Paris 1996, S. 122, Übers. d. A. **9** »Das tapfere Schneiderlein«, in: Jacob und Wilhelm Grimm: *Kinder- und Hausmärchen, gesammelt durch die Brüder Grimm. Vollständige Ausgabe auf der Grundlage der dritten Auflage (1837)*, hg. von Heinz Rölleke, Frankfurt am Main 1985, S. 108. **10** Julius Meier-Graefe: *Spanische Reise*, Berlin 1910, S. 286 f. **11** Elias Canetti: *Masse und Macht*, München / Wien 1960, S. 239 f. **12** Ebd., S. 240 Zu Canettis Fliegen siehe auch Eva Geulen, »Lebensform und Fliegenpein (Canetti)«, in: Susanne Lüdemann et. al. (Hg.), *Der Überlebende und sein Doppel,* Freiburg i. Brsg. 2008,

S. 335–348. **13** Friederike Mayröcker: *Brütt oder Die seufzenden Gärten*, Frankfurt am Main 1998, S. 22. **14** Wilhelm Jensen: *Gradiva. Ein pompejanisches Phantasiestück*, in: Sigmund Freud: *Der Wahn und die Träume in W. Jensens ›Gradiva‹. Mit dem Text der Erzählung von Wilhelm Jensen*, Frankfurt am Main 1992, S. 151. **15** Ebd., S. 152 f. **16** Eugenios von Palermo: »Fliegentadel«, in: Margarethe Billerbeck und Christian Zubler (Hg.): *Das Lob der Fliege von Lukian bis L. B. Albert. Gattungsgeschichte, Texte, Übersetzungen und Kommentar*, Bern u. a. 2000, S. 179. **17** Lukian, »Lob der Fliege«, in: Margarethe Billderbeck und Christian Zubler (Hg.): *Das Lob der Fliege von Lukian bis L. B. Alberti*, a. a. O., S. 61. **18** John Ruskin: *The Queen of the Air. Being a Study of the Greek Myths of Cloud and Storm*, London 1869, S. 172, S. 171. **19** Julius Meier-Graefe: *Spanische Reise*, a. a. O., S. 287. **20** John Ruskin: *The Queen of the Air*, a. a. O, S. 171. **21** Steven Connor: *Fly*, London 2006, S. 182. **22** Thomas Macho: *Schweine. Ein Portrait*, Berlin 2015, S. 7. **23** Adalbert Stifter: *Abdias*, a. a. O., S. 650. **24** Ebd., S. 651. **25** Lew Tolstoi: *Anna Karenina. Roman in acht Teilen*, München 2009, S. 303. **26** Jacques Derrida: *Das Tier, das ich also bin*, Wien 2010, S. 34, S. 31. **27** Ebd., S. 32, S. 33, S. 51. **28** Robert Musil: »Das Fliegenpapier«, in: ders.: *Nachlaß zu Lebzeiten*, Hamburg 1957, S. 11–13. **29** Karlheinz Lüdeking: »Vierzehn Beispiele fotografischer Selbstreflexion«, in: ders.: *Grenzen des Sichtbaren*, München 2006, S. 25. **30** Hartmut Böhme: »Fliege«, in: Christian Kassung, Jasmin Mersmann und Olaf B. Rader (Hg.): *Zoologicon. Ein kulturhistorisches Wörterbuch der Tiere*, München 2012, S. 125. **31** Jakob von Uexküll und Georg Kriszat: *Streifzüge durch die Umwelten von Tieren und Menschen. Bedeutungslehre*, Frankfurt am Main 1970, S. 4. **32** Henry Baker: *The Microscope Made Easy: or, I. The Nature, Uses and Magnifying*

Powers of the Best Kinds of Microscopes, London 1754, S. 301 f. **33** Ebd., S. 304 f. **34** Hugh Raffles: *Insektopädie*, Berlin 2013, S. 292. **35** Wilhelm Friedrich Freiherr von Gleichen, genannt Rußworm: *Geschichte der gemeinen Stubenfliege*, Nürnberg 1790, S. 13. **36** Giorgio Agamben: *Das Offene. Der Mensch und das Tier*, Frankfurt am Main 2003, S. 50. **37** Jakob von Uexküll und Georg Kriszat: *Streifzüge durch die Umwelten*, a. a. O., S. 32. **38** Ebd., S. 4, S. 5, S. 150. **39** Ebd., S. 62. **40** Ebd., S. 30. **41** Paul Valéry: *Cahiers / Hefte*. 2. Band, Frankfurt am Main 1988, S. 105. **42** Claus Pias: »Kalküle der Hoffnung«, in: Thomas Macho und Annette Wunschel (Hg.): *Science & Fiction. Über Gedankenexperimente in Wissenschaft, Philosophie und Literatur*, Frankfurt am Main 2004, S. 92. **43** Ebd., S. 83. **44** Giorgio Agamben: *Das Offene*, a. a. O., S. 54. **45** Jakob von Uexküll und Georg Kriszat: *Streifzüge durch die Umwelten*, a. a. O., S. 103. **46** Ebd. **47** François Jacob: *Die Maus, die Fliege und der Mensch. Über die moderne Genforschung*, München 2000, S. 64. **48** Hans-Jörg Rheinberger: »Das Experiment und die Ethik des Nichtwissens. Nachwort«, in: François Jacob: *Die Maus, die Fliege und der Mensch*, a. a. O., S. 204. **49** Friedrich Haug: »An die Fliege«, in: ders.: *Epigramme und Vermischte Gedichte*. Zweyter Teil: vermischte Gedichte, Wien / Prag 1807, S. 26–28. **50** Friederike Mayröcker: *Brütt oder Die seufzenden Gärten*, a. a. O., S. 22. **51** E. T. A. Hoffmann: »Das fremde Kind«, in: ders.: *Die Serapionsbrüder. Gesammelte Erzählungen und Märchen in vier Büchern*. Zweiter Band, Frankfurt am Main 1983, S. 658. **52** Ebd., S. 655, S. 662, S. 665. **53** Drehli Robnik: »Zeigen. Deprivilegierte Monstrosität in *The Fly* und anderen Filmen von David Cronenberg«, in: Drehli Robnik und Michael Palm (Hg.): *Und das Wort ist Fleisch geworden. Texte über Filme von David Cronenberg*, Wien 1992,

S. 136. **54** Friedrich Kittler: »Kleine Tiere«, in: ders.: *Baggersee. Frühe Schriften aus dem Nachlass*, Berlin 2015, S. 83. **55** Roland Barthes: »Images, raison, déraison«, in: Jérôme Serri / Musée de Pontoise (Hg.): *Les planches de l'Encyclopédie de Diderot et d'Alembert vues par Roland Barthes*, 1989, keine Paginierung. **56** Ebd. **57** Christian Morgenstern: »Auf dem Fliegenplaneten«, in: ders.: *Alle Galgenlieder*, Berlin / Darmstadt / Wien 1963, S. 200. **58** Vgl. Bernard Comment: *Das Panorama. Die Geschichte einer vergessenen Kunst*, Berlin 2000, S. 24. **59** Ebd., S. 103; Stephan Oettermann: »Das Panorama. Ein Massenmedium«, in: Kunst- und Ausstellungshalle der Bundesrepublik Deutschland (Hg.): *Sehsucht. Über die Veränderung der visuellen Wahrnehmung*, Göttingen 1995, S. 73; Franz Caramelle: »Das Innsbrucker Riesenrundgemälde. Der Tiroler Freiheitskampf auf 1000 m^2 Leinwand«, online abrufbar unter *www.bergisel.at/d/com/caramlle.htm*, letzter Zugriff am 26. 6. 2018. **60** Anton von Werner: *Erlebnisse und Eindrücke 1870-1890,* Berlin 1913, S. 371. **61** Vgl. Astrid Weidauer: *Berliner Panoramen der Kaiserzeit*, Berlin 1996, S. 23–26. **62** Dolf Sternberger: Panorama oder Ansichten vom 19. Jahrhundert (*Schriften* V), Frankfurt am Main 1981, S. 261. **63** Michel Serres: *Der Parasit*, Frankfurt am Main 1981, S. 71. **64** Vladimir Nabokov: *Der Mensch und die Dinge*, in: ders.: *Gesammelte Werke. Bd. 21: Eigensinnige Ansichten*, Reinbek bei Hamburg 2004, S. 263–271: S. 264 **65** Friedrich Theodor Vischer: *Auch Einer. Eine Reisebekanntschaft*, Stuttgart / Leipzig 1904, S. 305, S. 24. **66** Vladimir Nabokov: *Der Mensch und die Dinge*, a. a. O., S. 265. **67** Siehe die Homepage des Versands: *www.blades-bio.co.uk*, letzter Zugriff am 26. 6. 2018. **68** Mark Twain: *Briefe von der Erde*, in: ders.: *Gesammelte Werke*, Köln 2014, S. 764. **69** Ebd. S. 765.

70 Ebd., S. 765 f. **71** Aurelius Augustinus: *Vorträge über das Johannes-Evangelium*, Bd. I, Kempten / München 1913, S. 13. **72** Friedrich Kittler: »Kleine Tiere«, a. a. O., S. 79. **73** Ebd., S. 79 f. **74** Robert Musil: *Tagebücher*, Reinbek bei Hamburg 1976, S. 309 f. **75** Anna Degler: *Parergon. Attribut, Malerei und Fragment in der Bildästhetik des Quattrocento*, Paderborn 2015, S. 75. **76** Daniel Arasse: *Le détail*, a. a. O., S. 125. **77** Giorgio Vasari: *Leben der ausgezeichnetsten Maler, Bildhauer und Baumeister, von Cimabue bis zum Jahre 1567*, hg. v. Julian Kliemann. Bd. 1, Worms 1988, S. 172. **78** Daniel Arasse: *Le détail*, a. a. O., S. 118. **79** Ebd. **80** Oskar Bätschmann: *Einführung in die kunsthistorische Hermeneutik*, Darmstadt 1988, S. 61. **81** Daniel Arasse: *Le détail*, a. a. O., S. 119. **82** Michel Foucault: *Dies ist keine Pfeife. Mit zwei Briefen und vier Zeichnungen von René Magritte*, München 1974, S. 9. **83** Anne-Marie Lecoq: »›Die Augen täuschen‹, sagen sie. 14.–16. Jahrhundert«, in: Patrick Mauriès (Hg.): *Trompe-l'œil. Das getäuschte Auge*, Köln 1998, S. 105. **84** Anna Degler: *Parergon*, a. a. O., S. 73. **85** Daniel Arasse: *Le détail*, a. a. O., S. 125. **86** Ebd., S. 119. **87** Anna Degler: *Parergon*, a. a. O., S. 75. **88** Siehe Karin Gludovatz, »Kunststück Fliege. Produktive Bildstörung um 1800«, in: Helga Lutz und Bernhard Siegert (Hg.): *Exzesse der Mimesis. Über Trompe l'œils und andere Durchbohrungen der ästhetischen Differenz*, München (erscheint 2019). **89** André Pigler: »La mouche peinte: un talisman«, in: *Bulletin du musée hongrois des beaux-arts*, Nr. 24 / 1964, S. 57. **90** Ebd., S. 60. **91** Vgl. Milan Chvála: *The Types of Diptera (Insecta) described by Pater Gabriel Strobl*, Halle 2008, S. 57. **92** Hans-Jörg Rheinberger: »Das Experiment «, a. a. O., S. 200. **93** Robert E. Kohler: *Lords of the Fly. Drosophila Genetics and* *the Experimental Life*, Chicago / London 1994, S. 98, S, 91, S. 88 f. **94** Hugh Raffles: *Insektopädie*, a. a. O., S. 116. **95** Siehe T. H. Morgan und C. B. Bridges: *The Origin of Gynandromorphs, in: Contributions to the genetics of Drosophila melanogaster*, Washington 1919, S. 1–122. **96** Martin Brookes: *Die Fliege. Die Erfolgsgeschichte eines Labortiers*, Reinbek bei Hamburg 2003, S. 69. **97** Ebd., S. 20. **98** Hugh Raffles: *Insektopädie*, a. a. O., S. 117. **99** H. G. Wells: »The Passionate Friends«, in: ders.: *The Works of H. G. Wells. Atlantic Edition*. Bd. XVIII: *The Passionate Friends and Three Essays*, New York 1926, S. 209. **100** Vladimir Nabokov: »›Wegen der Fliegen‹«, in: ders., *Gesammelte Werke*. Bd. 21, a. a. O., S. 498. **101** Dieter E. Zimmer: »Notiz des Herausgebers«, in: Vladimir Nabokov, *Gesammelte Werke*. Bd. 21, a. a. O., S. 497. **102** Marcel Proust: *Auf der Suche nach der verlorenen Zeit*. Bd. 1: *Unterwegs zu Swann*, Frankfurt am Main 1994, S. 14. **103** Hugh Raffles: *Insektopädie*, a. a. O., S. 114. **104** Martin Brookes: *Die Fliege*, a. a. O., S. 102. **105** Mark Twain: »Die Vormachtstellung der Stubenfliege«, in: ders.: *Ich bin der eselhafteste Mensch, den ich je gekannt habe. Neue Geheimnisse meiner Autobiographie*, Berlin 2014, S. 349, S. 353. **106** Friedrich Kittler: »Kleine Tiere«, a. a. O., S. 82. **107** Hugh Raffles: *Insektopädie*, a. a. O., S. 276.

Dank an: Für Gespräche über Fliegen, Anregungen und Hinweise danke ich Marcel Beyer, Victor Claass, Eva Geulen, Karin Gludovatz, Michael Hagner, Julia Lutz, Katja Petrowskaja (»I heard a fly buzz when I died«) und Katalin Vardai.

Weiterführende Literatur

André Bay: ***Des mouches et des hommes,*** Paris 1979.

Margarethe Billerbeck / Christian Zubler (Hg.): ***Das Lob der Fliege von Lukian bis L. B. Alberti. Gattungsgeschichte, Texte, Übersetzungen und Kommentar,*** Bern 2000, S. 191–233.

Hartmut Böhme: ***Die Fliege,*** in: *Zoologicon. Festschrift für Thomas Macho,* herausgegeben von Christian Kassung, Jasmin Mersmann und Olaf Rader, München 2012, S. 122–132.

Hartmut Böhme: ***Das Handeln und Denken der Bilder. Oder wie Fliegen den Betrachter verrücken,*** in: *Poiesis. Über das Tun in der Kunst,* herausgegeben von Andreas Beyer und Dario Gamboni, Berlin / München 2014, S. 59–94.

Martin Brookes: ***Die Fliege. Die Erfolgsgeschichte eines Labortiers,*** Reinbek bei Hamburg 2003.

André Chastel: ***Musca depicta,*** Mailand 1984.

Milan Chvála: ***The Types of Diptera (Insecta) described by Pater Gabriel Strobel,*** herausgegeben von Andreas Stark u. Frank Menzel, Halle 2008.

Steven Connor: ***Fly,*** London 2006.

Kurt Grossenbacher (Hg.): ***Handbuch der Reptilien und Amphibien Europas,*** Band 5/I bis 5/III, Wiebelsheim 2013.

Knut Hamsun: ***Eine ganz gewöhnliche Fliege mittlerer Größe,*** in: *Simplicissimus,* 6. Februar 1897, S. 3.

Volker Hartenstein: ***Atlas of Drosophila Development,*** New York 1993.

Joachim Haupt / Hiroko Haupt: ***Fliegen und Mücken. Beobachtung – Lebensweise,*** Augsburg 1998.

François Jacob: ***Die Maus, die Fliege und der Mensch. Über die moderne Genforschung,*** München 2000.

Cornelia Kemp: ***Fliege,*** in: *Reallexikon zur Deutschen Kunstgeschichte*, IX, 2003, Sp. 1196–1221.

Robert E. Kohler: ***Lords of the Fly. Drosophila Genetics and the Experimental Life,*** Chicago / London 1994.

Peter Lawrence: ***The Making of a Fly,*** Oxford 1992.

André Pigler: ***La mouche peinte: un talisman,*** in: *Bulletin du musée hongrois des beaux-arts*, Nr. 24 / 1964, S. 47–64.

Jeffrey Powell: ***Progress and Prospects in Evolutionary Biology: The Drosophila Model,*** Oxford 1997.

Hugh Raffles: ***Insektopädie,*** herausgegeben von Judith Schalansky, Berlin 2013.

Science. Special Issue: ***The Drosophila Genome,*** Vol. 287, Issue 5461, 24 March 2000.

Abbildungsverzeichnis

Seite 65 *Hymenoptera Diptera.* Donovan's Epitome of the insects of New Holland, London 1805.

Seite 71 *House Fly, Lavender Cotton, and Money Plant.* Joris Hoefnagel, Mira calligraphiae monumenta, 1561–1562.

Seite 74 *Vliegen, biën, en ursels / Muscae, apes. / Mouches abeilles.* Anselmus Boëtius de Boodt, 1596–1610.

Seite 78 *Die Fliegenplage.* Kölner Historienbibel, um 1460. © Rheinisches Bildarchiv, rba_133196.

Seite 81 *Vanitas Stillleben.* Adriaen van Nieulandt, 1636.

Seite 84 *Porträt eines Kartäusers.* Petrus Christus, 1446.

Seite 88 *Geborene Hofnerin.* Schwäbischer Meister, um 1470.

Seite 90 *Die heilige Katharina von Alexandrien.* Carlo Crivelli (zugeschrieben), zwischen 1491-95.

Seite 91 *Madonna mit Kind.* Carlo Crivelli, um 1490.

Seite 94 Illuminierte Handschrift aus Bayonne. © bpk / RMN – Grand Palais / René-Gabriel Ojéda.

Seite 97 *Schmerzensmann mit zwei Engeln,* Giovanni Santi.

Seite 101 Fliegensammlung von Gabriel Strobl.

Seite 103 *Kreuzung zweier Fruchtfliegenarten.* Benjamin C. Gruenberg, Biology and man, 1944.

Seite 104 *Gynandromporphs of Drosophila.* Contributions to the genetics of Drosophila melanogaster, 1919.

Seite 109 *Vliegen komen af op het licht van een kaars.* Vincent Laurensz. van der Vinne (II), 1714.

Seiten 113–129 Illustrationen von Falk Nordmann, 2018.

Peter Geimer, 1965 geboren, ist Kunsthistoriker und beschäftigt sich u. a. mit der Geschichte und der Theorie der Fotografie, mit Historienmalerei und Film. Nach akademischen Stationen in Zürich und Bielefeld ist er seit 2010 Professor für Neuere und Neueste Kunstgeschichte an der Freien Universität Berlin.

NATURKUNDEN № 45
Erste Auflage Berlin 2018

NATURKUNDEN
herausgegeben von Judith Schalansky
erscheinen bei Matthes & Seitz Berlin
ermöglicht durch Jan Szlovak, Hamburg

Göhrener Straße 7, 10437 Berlin
info@matthes-seitz-berlin.de
info@naturkunden.de

EINBAND UND TYPOGRAFIE Pauline Altmann, Berlin
nach einem Entwurf von Judith Schalansky
TITELILLUSTRATION Pauline Altmann, Berlin
SCHRIFT Ingeborg von Michael Hochleitner/Typejockeys
LITHOGRAFIE Tomas Mrazauskas, Berlin
HERSTELLUNG Hermann Zanier, Berlin
PAPIER 100 g/m² Fly 04 hochweiß, 1,2 faches Volumen
EINBANDMATERIAL Napura® Khepera von
Winter & Company GmbH, Lörrach
DRUCK UND BINDUNG Pustet, Regensburg

ISBN 978-3-95757-617-0

www.naturkunden.de
www.matthes-seitz-berlin.de